传承与更新

工程建设活化利用示范案例

Inheritance and Renewal

Demonstration Cases of Engineering Construction Activation and Utilization

中建三局集团有限公司
中国文物学会20世纪建筑遗产委员会 主编

天津大学出版社
TIANJIN UNIVERSITY PRESS

《传承与更新　工程建设活化利用示范案例》编委会

序言

单霁翔

近来翻阅由中国文物学会20世纪建筑遗产委员会、中建三局集团有限公司主编的《传承与更新　工程建设活化利用示范案例》（以下简称《案例》），很是兴奋，因为它不仅是落实“保护文化遗产就是保护城市文明”的实践，也是城市更新建设中最能体现文化根脉的行动。我支持中建三局各级领导及科技工作者有情怀的建设理念，也感悟到书中有文化科技涵养的施工技艺。

我与中建三局管理者及科技人员有过多次交流。2021年在深圳举办的“深圳改革开放建筑遗产与文化城市建设”研讨会上，我聆听了中建三局相关领导对当年深圳国贸大厦施工经验的介绍。建设者讲述了当年“三天一层楼”的施工奇迹是如何尊重科学规律，同时又如何以改革开放精神赢得国内外瞩目和赞赏的。2022年8月25日在武汉洪山宾馆召开的“第六批中国20世纪建筑遗产项目推介公布暨建筑遗产传承与创新”研讨会上，我不仅感受到中建三局对中国20世纪建筑遗产推介活动的学术支持，也再一次通过《世界的当代建筑经典——深圳国贸大厦建设印记》一书的发布活动，领略了中建三局人在中国城市现代化建设的事业中，始终不忘利用每一次工程施工的机会，充分阐释并积极寻找其中的文化要素，力求使建设与设计单位相结合，使项目营造更好地服务于城市历史轴线与内涵，活化并利用好有文脉的城乡历史场景。

给我留下深刻印象的是，2022年8月下旬，我在中建三局领导陪同下造访了由中建三局建设的“中国建筑科技博物馆”，它无疑是顺应新形势，遵循文化遗产保护方针，体现企业贡献力的最好阐释。中国建筑科技博物馆的建筑器用、文字典章不仅具有审美情趣，还承载着文化传承的使命，从中华建筑文化的源流讲到20世纪及当代建筑的科技创新，其融合了本土性及包容性的科技文化发展源流，再次彰显了中央企业的历史责任和文化自觉。

从《案例》我还特别看到：其一，中建三局人具有深厚的历史文化使命根基，作为攀枝花钢厂建设最早的拓荒者，他们勇担“三线”建设的责任，培育出特有的建设者精神；其二，中建三局人对建设项目的高质量、高速度的完成，源自其科学态度与科学周密的施工组织、流程设计。因此，编纂出版《案例》不仅对中建三局本身是一个范本，而且对全行业也具有示范作用，因为其中包含众多亦遗产保护、亦城市更新的案例，能够极为生动地展示传承意义下的工程做法与经验，为同行提供了实用性很强的施工方案。

有鉴于此，我再次祝贺《案例》的出版，也特别期待中建三局与中国文物学会20世纪建筑遗产委员会的技术交流与学术合作更上一层楼。

是为序。

中国文物学会会长
故宫博物院前院长
2024年4月

目录
Contents

理念篇

Concept

2022 年 8 月，中国文物学会 20 世纪建筑遗产委员会推出了“中国文物学会 20 世纪建筑遗产项目 · 文化系列”《世界的当代建筑经典——深圳国贸大厦建设印记》一书，它较好地总结了当年深圳国贸大厦在设计与施工方面的创新贡献及经验要点。对于深圳国贸大厦留下的建筑遗产，中国文物学会会长单霁翔强调指出：“深圳国贸大厦项目的影响力不仅体现在建筑设计与施工建造上，更给当时的整个深圳提振了‘精气神’，对全国的影响自 20 世纪 80 年代中后期一直延续到今天。”深圳国贸大厦凭借科技创新、历史文化价值乃至对中国改革开放的深远影响，于 2018 年被推介为“第三批中国 20 世纪建筑遗产项目”。其遗产价值既是时代的注脚，也是精神的丰碑，它足以见证改革开放的无数建设奇迹，也说明中建三局是中国建筑文化的传承者与开创者。中建三局在深圳国贸大厦施工建设过程中留下的宝贵“遗产”，就是富于科学精神的挑战与坚守。当主体施工遇到挫折时，当时主管基建的市领导给予建设者以很大的鼓励，希望他们克服困难，找出问题，继续前进。滑模工艺实验成功之后，领导激励说：“如果你们做不到三天一层，就不要说你们是铁军！”当时香港建 66 层高的合和中心，主体施工速度是三天一层，为了深圳的建筑施工不落后于香港，中建三局重新修订了计划，从多方面作出了调整，最终将施工时间稳定在三天一层，直至滑模工艺结束。

活化利用·建设理念

Activate the Concept of Utilization and Construction

一、溯源

自 2023 年 2 月 28 日在湖北武汉中建三局，由中国文物学会 20 世纪建筑遗产委员会派专家举办“文化城市建设与‘活化利用’理念策略”讲座开始，《传承与更新 工程建设活化利用示范案例》一书的编撰工作就正式启动。该书策划于 2022 年下半年，通过展现中建三局人近 60 年来在建设、保护、传承、创新方面的业绩与经历，介绍他们在建设中活化利用的丰富经验。

万里长江第一城四川攀枝花市因“三线建设”而立市，开启了攀钢建设的征程。中建三局人正是最早参与攀钢厂房、电厂、道路建设的拓荒者。1965 年 7 月 13 日，国务院决定撤销建工部西南工程管理局，成立建工部一、二、三、四工程局，7 月 17 日举行了“建工部第三工程局”成立大会，这标志着中建三局漫长创业路的开端。从渡口初创推动攀枝花市从不毛之地到钢铁之城的华丽转身，到今天攀枝花市的“攀枝花中国三线建设博物馆”，其中都有中建三局人的贡献。如今，攀枝花市留下了太多珍贵的文化遗产，已经成为一座活态的“中国‘三线建设’遗产城”，在这里可领略全国 13 个省区“三线建设”的整体历史风貌。在国家公布“三线文化”精品研学线路中，可看到许多中建三局人作为当年建设者的贡献成果。纵览几代中建三局人，半个多世纪以来，从巴山蜀水及云贵高原一路走来，从荆楚大地到深圳特区，再到布局全国走向海外，不断为建构中国建筑业发展史册作出贡献，留下一批标志性作品。

20 世纪 80 年代，中建三局完成的深圳国贸大厦项目给人留下了深刻的印象，它开创了三天一层楼的“深圳速度”，这不仅成为中国建筑施工全行业的改革开放的代名词，更引领了全国建筑界及各行业的改革开放潮流，并推动中国建筑从高层向超高层的本质飞跃。中国文物学会、中国建筑学会 2021 年 5 月在深圳国贸大厦举办了“深圳改革开放建筑遗产与文化城市建设研讨会”，2022 年 8 月在武汉洪山宾馆召开了“第六批中国 20 世纪建筑遗产项目推介公布暨建筑遗产传承与创新研讨会”，均邀请到中建三局多位专家及领导在大会上分享他们在遗产传承与创新发展方面的“活化利用”经验，传播他们的经验和新知。

从中国建筑科技博物馆及中国建筑业发展来看，改革开放后中国城市化进程加快，新建筑发展迅猛。近十年来，我国工程建设在超高层建筑、高速铁路、公路、桥梁、水利、核电核能、现代通信和应急设施等“高、大、难、特、新”工程中，技术水平跃居世界前列。同时，我国建筑施工技术水平再次实现新跨越，高速、高寒、高原、重载铁路施工和特大桥隧建造技术迈入世界先进行列，离岸深水港建设关键技术、巨型河口航道整治技术以及大型机场工程建设技术等均达到世界领先水平。以“八纵八横”高铁主骨架为代表的高铁工程，标志着中国工程的速度、密度、精度和跨度。以港珠澳大桥为代表的中国桥梁工程，代表着中国工程“高度”的上海中心大厦及北京“中国尊”，代表着中国工程“深度”的洋山深水港码头，代表着中国工程“难度”的自主研发的三代核电技术“华龙一号”全球首堆示范工程——福清核电站 5 号机组；创造了世界奇迹的雷神山、火神山医院建设……这些都彰显了我国建筑业的综合实力。

据此，组织编撰《传承与更新　工程建设活化利用示范案例》一书，具有现实意义与价值。该书将在中国建筑行业产生持续影响，具有可推广、可复制的借鉴意义。

二、建筑遗产与城市更新的价值认知

价值强调客体对人与社会的效用性。不同的价值对城乡社会产生不同的影响，反映出人们的不同需求。建筑遗产具有物质层面与精神层面的价值。城市更新改造也有“历史和激荡人心”的乡愁含义。在设计与施工中，人们只要肯读取历史人文信息，就会在看似平凡的项目工地与场景中，汲取到营养及城市记忆，在每一个项目完成后产生理念的进步。中建三局人在建筑遗产、历史建筑以及一般项目的城市更新中，满怀敬畏历史、文化、生态的态度，尽全力遵循真实性、完整性、最小干预和可识别性原则，使施工过程逐步在历史人文框架下，边呵护，边营造，在安全且耐久、技术与艺术、传承与创新等方面均持续发力，在价值认知上不断呈现新内容。

1. 遗产价值

就遗产的价值而言，传统与现代不是对立的，同样，对建筑而言也没有绝对的新旧之分。从传统到现代，绝非“弃旧迎新”的过程，所以没有现代建筑是“新”，而传统建筑是“旧”的观念。20 世纪的著名建筑师柯布西耶于 1923 年出版了《走向新建筑》一书，也许书中最著名的就是将古希腊神庙和现代汽车照片并列展示，其意义在于表明，根本不是现代技术已经超越和淘汰了古典神庙，而是现代人借助新技术，实现了优良的功能，在设计与制作上更加精准且体现了高质量的审美。也许在此认知上，现代技术的制造可与古希腊神庙相媲美。

在国内，20 世纪 20 年代末留洋回国的梁思成极为崇拜营造工匠。对于由“土”“木”这两种建材而成的建造业，他说，从中国传统沿用的“土木之功”这一短语作为一切建造工程的概括名称可以看出，“土”与“木”是中国建筑自古以来采用的主要材料。这清晰地点明了以“土”“木”为建材的建造工业，也许正深刻地反映了中国建筑文化传统的人本精神。恰恰是这两种取之于自然界的建造材料，成为全人类共同的基本与原始

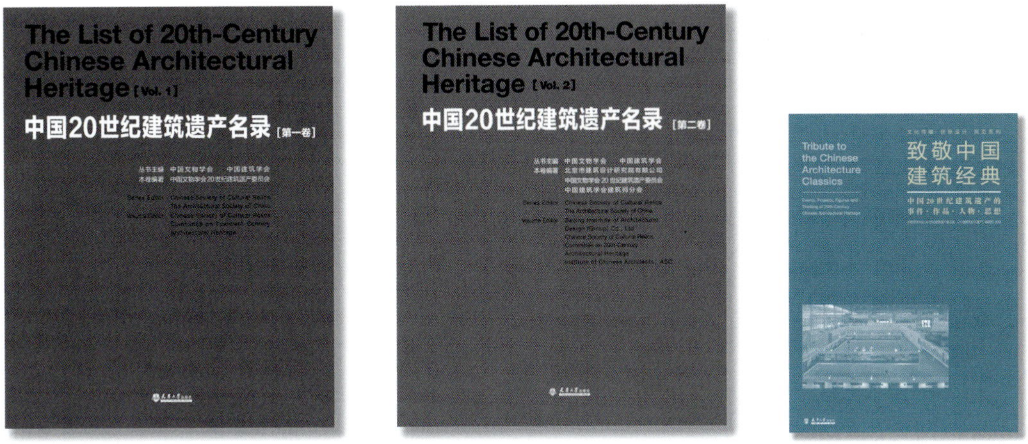

的建造用材。联想到 19 世纪末英国重要建筑历史学家弗莱彻，他在 1896 年的《建筑的材料影响》一文中，深入分析了埃及、西亚、希腊、罗马等国家和地区主要历史风格建筑的材料，并归纳出木材、泥土是影响历史建筑风格的材料根源。从构建中华民族现代文明角度来看，消解传统与现代之间的界限，也许会探索现实城市社会、文化、环境中发展传统的可能性。传统建筑是建筑传统表现的载体，但传统建筑与时代密不可分，如果为形式而形式，到头来会徒具其形，所以要杜绝拆“真古董”建“假古董”，还标榜是“修旧如旧”的做法。1994 年国际古迹遗址理事会（ICOMOS）在日本通过了著名的《奈良真实性文件》，这使得《威尼斯宪章》中的真实性被重新诠释。相对于“修旧如旧”而言，真实性则更加关注现象背后的文化背景与历史人文信息，突出价值的综合性。

2. 传统与现代

现在是未来的传统，传统是过去的现代。中国建筑文化发展至今，无论设计与施工所表现的"形"与"意"，都在孕育着一套属于自身的文化精髓。无论何种现代的施工技术，既要传承传统建筑艺匠，也要勇于突破传统的局限性。中建三局人已在诸多项目中做到：在满足现代功能需求的大背景下，凭借传统建筑的优势，构建有文化的现代化建筑营造体系。中国传统建筑最重要的两大构成即空间类型要素与建造体系要素。以建造体系为例，它需要体现出明显的中国传统营造特征的营造技术和匠作技艺。从营建要素看传统建筑施工，其材料、工具与技术是三个要素。在这个维度中，中国传统建筑营建体系的本质表现在：因地制宜的材料、适宜手作的工具及衍生的匠作技艺和具有传统营造特征的技术体系。

建筑设计与施工使传统可以表达。事实上，任何表达传统的方式都无法替代传统及真实性，这就给施工及修缮带来了挑战。面对历史街区及历史建筑项目，知其然不知其所以然不行，以刻舟求剑的方式寻求真实性，是可望而不可即的。中国城镇的现代化乃至"城市更新行动"，贵在将传承融入项目细节，努力使建设行为促进传统文化从无意识的发展转化为有意识的引导，这样，才可从理念上把握传承的真实性，创造有文脉、寓古于新的"传承更新"之路。这些施工建设，在存量时代下，成为积极应对城市更新发展的新实践。2020 年中建三局建成的中国建筑科技博物馆，体现了中建三局一直在用科技文化创新的方式，以尊重历史的态度完成着中国建设科技文化的传播使命。

三、建筑遗产术语及概念

从"传承与更新"的活化利用看，科学地界定不同类型保护建筑体系是必要的。新时代的新观念，在推动传统工匠放下熟悉的工具投身于更高效、高回报的施工建设体系中，这给传统技艺传承发展带来了障碍，仅仅在名称上就出现了许多概念交叉、模糊了内涵与边界的词，如"古建筑""文物建筑""历史建筑""20 世纪遗产""乡土建筑""地域建筑""仿古建筑""工业遗产"等。应在城市高质量发展中、在城市更新行动中找到可遵循的标准、规范和准则，有针对性地为城市遗产把脉。

1. 历史建筑

2021 年 1 月，住房城乡建设部办公厅发布了《进一步加强历史文化街区和历史建筑保护工作的通知》。历史建筑是指经城市、县人民政府确定公布的具有一定保护价值，能够反映历史风貌和地方特色，尚未公布为文保单位，也未登记为不可移动文物的建筑物、构筑物。至 2021 年末，我国境内经普查确认的历史建筑数量约为 5.7 万处。在历史建筑保护不力（设计、施工、管理）的项目中，思想认知的偏差导致屡屡出现重经济效益、轻文化内涵的城市房地产开发式保护的不当建设思路。表 1 为历史建筑价值体系构成，从中可体会到历史建筑不仅有历史特征，还有艺术特征、科学文化价值、乡愁人文情感等。

表 1　历史建筑价值体系构成

价值类别	标准子项
历史文化价值	1. 关联性：重大历史事件、重要历史名人
	2. 代表性：城市（乡村）发展史、建设史
	3. 代表性：行业、产业的发展史
	4. 代表性：纪念、教育等历史文化意义
建筑艺术价值	5. 典型性：反映一定时期的建筑设计风格、样式
	6. 典型性：反映建筑整体、细部的艺术价值和特征
	7. 典型性：反映所在地域或民族的建筑艺术特点
	8. 象征性：在城市（乡村）等一定地域内具有标志性或象征性，具有群体心理认同感
	9. 代表性：著名建筑师、规划师的代表作品
科学技术价值	10. 技术先进性：建筑的结构、材料、施工技术
	11. 技术先进性：建筑的形体组合、整体形态、空间布局

资料来源：根据住房城乡建设部颁布的《历史建筑确定标准（参考）》绘制。

2. 文物建筑

《中华人民共和国文物保护法》中并没有文物建筑的定义，只有不可移动文物和可移动文物的概念。不可移动文物含古建筑，可定义为历史、艺术及科学价值突出的各类建筑及建筑群，以及具有时代特征、地域特征、民族特征的建筑及建筑群。不可移动文物是指古文化遗址、古墓葬、石窟寺、古石刻、古壁画、近现代重要史迹和代表性建筑等，具体分为全国重点文物保护单位，省级文物保护单位，设区的市级、县级文物保护单位。

文物建筑类型繁多，截至 2018 年，全国重点文物保护单位共计八批 5 058 处，其中古建筑 2 162 处，近现代重要史迹及代表性建筑 943 处，建筑类文物的数量占全国重点文物保护单位数量的 61.39%。第三次全国文物普查的 76 万余处文物点中，建筑类文物有 26 万余处，占文物总量的 34.21%。由此可见，我国不可移动文物中，地面建筑占比高且与公众的关系最为直接。

3. 20 世纪建筑遗产

应该承认，迄今为止国内尚未给出一个准确的 20 世纪建筑遗产的定义。但顾名思义，其概念中至少包括“20 世纪”“建筑遗产”这两个关键词。2017 年 12 月，在新德里举办的 ICOMOS 大会上通过的《20 世纪文化遗产保护方法》（第三版）是保护与管理 20 世纪遗产及其场所的国际指南和标准准则。我国对 20 世纪遗产的国家认同体现在多个方面，早在 2008 年国家文物局就下发了文件《关于加强 20 世纪建筑遗产保护工作的通知》；中国文物学会 20 世纪建筑遗产委员会自 2014 年组建，按照《中国 20 世纪建筑遗产认定标准》（2014 年 8 月施行，2021 年 8 月修订，以下简称《标准》），自 2016 年至 2023 年，在中国文物学会、中国建筑学会的支持下，已经推介并认定了共计七批 697 项中国 20 世纪建筑遗产项目，这些项目在不同类型及要点上，体现了《标准》中涵盖的九方面内容及要求。

（1）在近现代中国城市建设史上有重要地位，是重大历史事件的见证，是体现中国城市精神的代表性作品；

（2）能反映近现代中国历史且与重要事件相对应的建筑遗迹、红色经典、纪念建筑等，是城市空间历史性文化景观的记忆载体，同时也要重视改革开放时期的历史见证作品，以体现建筑遗产的当代性；

（3）反映城市历史文脉，具有时代特征、地域文化综合价值的创新型设计作品，也包括“城市更新行动”中优秀的有机更新项目；

（4）对城市规划与景观设计等方面产生过重大影响，是技术进步与设计精湛的代表作，具有建筑类型、建筑样式、建筑材料、建筑环境、建筑人文乃至施工工艺等方面的特色及研究价值的建筑物或构筑物；

（5）在中国产业发展史上有重要地位的作坊、商铺、厂房、港口及仓库等，尤其应关注新型工业遗产的类型；

（6）中国著名建筑师的代表性作品、国外著名建筑师在华的代表性作品，包括 20 世纪建筑设计思想与方法在中国的创作实践的杰作，或有异国建筑风格特点的优秀项目；

（7）体现“人民的建筑”设计理念的优秀住宅和居住区设计，完整的建筑群，尤其应保护新中国经典居住区的建筑作品；

（8）为体现 20 世纪建筑遗产概念的广泛性，认定项目不仅包括单体建筑，也包括公共空间规划、综合体及各类园区。20 世纪建筑遗产认定除了建筑外部与内部装饰外，还包括与建筑同时产生并共同支撑创作文化内涵的有时代特色的室内陈设、家具设计等；

（9）为鼓励建筑创作，凡获得国家级设计与科研优秀奖，并具备上述条款中至少一项的作品。

2023 年 4 月由中国文物学会 20 世纪建筑遗产委员会组织全国 30 余位专家推出的《20 世纪建筑遗产导读》一书，是中国建筑文博界第一部全面介绍 20 世纪建筑遗产发展、技术观念与项目特色的书，它清晰地展示了国内外 20 世纪建筑遗产活化利用的保护传承动态。

4. 近现代建筑

《20 世纪建筑遗产导读》封面

我国的近现代建筑，一般被认为是指 1840 年鸦片战争后至 1949 年新中国成立这百余年间建成的建筑物，它们在功能、形态、结构乃至材料上，都与当今建筑比较接近。在中国开埠较早的沿海、沿江城市，如广州、厦门、上海、天津、青岛、武汉等城市中的近代建筑是几代人的生活记忆。个人与集体及城市的记忆相叠加，成为近代建筑时代巨变的见证者。大量留存于城市核心区的近代建筑作为“用之器”的实用功能在延续中不断发生着变化。以下是不容忽视的近代建筑保护实践。

1958 年 10 月，全国“建筑历史学术讨论会”召开，会后进行了建筑“三史”全国调查及资料编辑工作，形成了《中国近代建筑史》（初稿）。

1985 年，清华大学发起“中国近代建筑史研究座谈会”，向全国发出《关于立即开展对中国近代建筑保护工作的呼吁书》。

1986 年延续至今的每两年一届的中国近代建筑史研讨会，至 1996 年已完成了全国 16 个城市的近代建筑调研。

2009—2011 年先后出版的《中山纪念建筑》《抗战纪念建筑》《辛亥革命纪念建筑》三本书，是对 21 世纪第一个十年中国近现代建筑事件学的科学梳理。

2015 年，天津大学邹德侬教授出版了《中国现代建筑史二十讲》，在见证“中与洋”“新与旧”的冲突与抉择中，表述了中国现代建筑的发展轨迹，有技术进步，有历史文化思想。

2016 年出版的《中国建筑史》五卷本，将近代建筑研究推向宽广的维度。

5. 工业遗产

工业化是世界经济发展的主题，没有经历成功的工业化进程，就难以跻身繁荣富强的发达国家之列。新中国有着 70 多年的建设史与 40 多年的改革开放史，工业文明及其工业遗产是其重要的组成部分。工业遗产记录了经济与社会发展的时代特征和历史风貌，全面评定工业遗产价值的多重性是极具探索性的课题。一般来讲，工业遗产包括遗址、构筑物、复合体、区域和景观等不可移动物项目与机械、构件或档案等可移动物项目，以及工艺流程、转运、仓储及附属设施，应遵循工业遗产的《下塔吉尔宪章》。2011 年，国际工业遗产保护委员会（TICCIH）与国际古迹遗址理事会（ICOMOS）在都柏林发布了联合准则《工业遗产、构筑物、区域和景观的保护》，提出“应把构筑物、厂址、区域和景观以及相关的物件、文件、图纸和档案或者无形遗产的集成名录和清单，作为有效的管理和保存政策和保卫手段的一部分加以拓展和利用”。对工业遗产的评价维度，在设计与施工上都应注意：见证工业活动的历史价值，见证科技对工业发展有突出贡献的科技价值，记录工业景观所形成的无法替代城市特色的艺术价值，见证巨大的时代变革与民族认同感及场所精神的社会价值，对工业精神有传承及发扬作用的文化价值等。在此基础上，对任何工业遗产项目要注重其真实性，包括注重外形、材料、用途、传统、精神等。

6. 历史街区的“有名无实”与“有实无名”

我国自 2011 年后开始申报历史文化街区，管理粗放造成某些街区传统格局逐渐消失，设计与施工不到位，甚至出现“冒领”历史文化街区名号的现象，这是典型的“有名无实”的情况。具体表现：①改造理念存在误区，如通过改造使某些胡同、老宅院的历史气息荡然无存，这种“修旧如新”的做法导致了老建筑历史记忆的消亡；②在功利导向下，为申报而申报，片面追求经济增长，而忽略了城市文化延续与可持续发展，重开发、轻保护，使历史文化街区风貌受损，变得“有名无实”。

无论是历史建筑、历史文化街区还是文物建筑，均存在条件俱备，但难以争取到更多资源支持的情况，处于“有实无名”的状态，甚至长期在低等级保护阶段徘徊。其原因主要表现在：①相关法律政策中，行政区划限定明显，级别间的鸿沟难以跨越；②自上而下的体制，既对申报干预太多，行政效率低，又忽视了社会力量，难以调动公众乃至企业的积极性。评定结果或遗漏，或偏离初衷，这种“有实无名”的状态，对建筑遗产保护与发展极为不利。

7. 仿古建筑

在我国，将历史悠久却依然完整或局部完整的建筑核定为古建筑。从年代来讲，古建筑泛指清代（含）之前的建筑。仿古建筑与古建筑不同，但由于各种实际需求，在古代园林复原扩建、城市更新及街区改造中往往也被部分采用。所以，仿古建筑只是用现代的施工工艺和仿制的材料（也许用一些原砖瓦）来再现古建筑外观效果的建筑。一般情况下，仿古建筑大多采用现代建材，如水泥、混凝土等。要承认，仿古建筑大多形似而非神似，在细部雕件上也难以精琢，有的仿古建筑虽然按古代法式设计与施工，但也难实现古建筑的真正古朴风韵。此外，仿古建筑多为简化版榫卯结构。仿古建筑使用钉子及现代技术与材料，难以做到采用原工艺及原材料，总体来讲，仿古建筑的建造不应被大力提倡。

尽管并不提倡建仿古建筑，但由于现实及历史信息弥补的需要，它确实仍在建设中。因此，准确把握仿古建筑的特点与适度规模是极其重要的。

四、“传承与更新”中的活化利用途径

阐释并实践文化遗产，对于国内受众具有激励和凝聚人心的作用，对行业发展更是一种创新性的推动。如近现代文化遗产保护的著名人物约翰·拉斯金所指出的：“一个真正的古迹，而非它的现代仿制品，才是一个民族真正的遗产和过去时光的纪念物。”传承与更新即对既有建筑的改造与修缮。要追求真实性就要“最少干预”，而“最少干预”不是不干预，而是不要做超出必要保护措施的额外举动，哪怕是出于善意。在这方面，中国文物保护领域最具代表性的巨匠梁思成先生，在1935年发表于《中国营造学社汇刊》第六卷第一期的《曲阜孔庙之建筑及其修葺计划》中明确提出：“在计划人的立脚点上看，我们今日所处的地位，与二千年以来每次重修时匠师所处地位，有一个根本不同之处。以往的重修，其唯一的目标，在将已破敝的庙庭恢复为富丽堂皇、工料坚实的殿宇，若能拆去旧屋，另建新殿，在当时更会被颂为无上的功业与美德。但是我们今天的工作却不同了，我们需对时代之古建筑，负保存或恢复原状的责任。”由此可见，梁思成先生对于建筑遗产保护中避免过度干预、保持原貌的警示是多么精准，这与当代国际理念有异曲同工之妙。

郭旃教授曾以英国约克郡一处维京人遗址博物馆为例进行说明：该遗址被发现于一座商业建筑的建筑基址，依据当地强有力的保护法规，建设工地被迫停工，等待考古挖掘。考古过程中，人们发现了丰富的古代遗迹遗物，最后建立了维京人地下博物馆，地上建起了原设计有所变更的商业大厦。博物馆将考古遗存全部回填覆盖封存，通过地面上无声无形的轨道车引来一批批游客，探索模拟的维京人生产、生活的场景，商贸的喧嚣，趣味盎然。虽因考古研究耽误了工期，但业主意外地在工程完工后因地下博物馆络绎不绝的参观者而收回了建设投资，每年还与当地的遗产机构分享博物馆的收入，成为遗产阐释、保护与发展、公众和社会参与等方面的示范案例。事实上，在建设项目中，真实性的完整保护与传承确实难以实现理想化状态，要正视保存真实性，面对自然规律和时间的流逝，面对可能出现的有形遗产无形化、传统生活表演化、建筑特征符号化、历史

体验模拟化等问题，要认同某些项目中存在不得已的蜕化。

所以，要抓住工程建设的机会，将接触到的遗产项目，尽可能地在文献信息档案及研究方面作出努力，通过文字、图片、影像或其他形式为阐释、展示并记忆文化遗产提供实证，进行补救和提供保障。建设工程中遗产的留存与传承既离不开有效的遗产项目管理，更依赖建筑工程管理方强大的科技文化实力。从城市保护的角度来看，要重视保护并加强点、线、面的形态传承，保养也许是保护传承的基础。其中，直接作用于建筑本体的加固工作，包括现状整修和重点修复等修缮措施，保护性设施建设、迁建或平移等都是必要时才会采用的保护之法。以下是对几个实施路径的归纳。

路径一：工程建设“活化利用”及微更新集体记忆。泉州——宋元中国的世界海洋商贸中心，作为世界文化遗产的重要组成部分，延续宋元的历史记忆，需要完整的时代建筑。泉州府文庙魁星楼（尊经阁）建于明嘉靖三十五年（1556 年），20 世纪 50 年代因有倒塌风险而被拆除，其地基上建成了华侨大厦，魁星楼上层建筑被移建于百源川池中，作为八角凉亭。为配合旧城改造及申遗承诺，将拆除华侨大厦并复建魁星楼。华侨大厦已成为一代代泉州人的集体记忆场所，曾是泉州最高的建筑，也是最豪华的建筑。改革开放初期，泉州到深圳、广州的长途班车都从这里出发。在魁星阁原址上建设的华侨大厦是当代侨乡重要的集体记忆场所。八角凉亭体现了对历史记忆要素（魁星阁）的智慧性保存，它们与文庙的其他部分构成了一个完整的场所叙事的空间要素。对华侨大厦与八角凉亭两个要素的任何改变，无疑都是对泉州古城乃至世界文化遗产集体记忆延续性和完整性的人为割裂与破坏，这是对遗产保护代际传承缺乏理解的表现。

路径二：建筑遗产的“活化利用”不仅关乎建筑本体，更重要的是要让文化遗产“活”起来，“火”起来。这也许是展现遗产真正服务于民、以体验为核心的遗产价值的一种有效利用途径。文化旅游是兼顾遗产保护、传播遗产价值且实现遗产活化的重要手段。ICOMOS《国际文化遗产旅游宪章》（2021 年）准则 3 中提出“通过易于公众理解的文化遗产阐释和展示，提高公众意识和游客体验”，负责任的文化旅游要探索游客更接受的方式。这里涉及的遗产责任对游客来讲是指遗产保护、尊重遗产、遗产知识传递、对他人的态度、遗产认知等五方面，对原住民也同样适用，其核心是主客互动，尊重并提升目的地社区的福祉建设，是在文化自信下为建设者与游人提供娱乐体验的场景。全面地看，由于对多元遗产要素的阐释不足，公众难以感知其价值的完整性；由于对多尺度时空叙事不足，公众难以在文旅中获取充分的信息；更由于某些展示失真（包括造假古董），公众难以认知所体验到的历史的真实性，这些都给施工项目带来借鉴与警示。

路径三：城市更新作为城市的自我调节机制，贯穿于城市发展全过程。中建三局越来越多的建设实践案例都表明，发挥“绣花功”，采取渐进式的微更新方式，整合与优化历史地段整体风貌，包括城市风貌特色资源结构型要素特征、城市肌理与空间结构保护等，都成为城市更新项目的核心要素。其“活化利用”的更新策略如下。

其一，基于各级历史文化名城保护的整体性要求，建设者必须按照该城市既有的老旧建筑设施更新要求与导则行事。

其二，要针对不同空间的功能类型以及遗产理念下的项目特点，因地制宜地制定精准的建设配置方案。

其三，充分利用各方积极性，秉承多方参与及智慧共享的理念，采用智慧协同的创新供给模式，真正推动城乡品质提升，为公众提供能够提升幸福感和满意度的家园。

“活化利用”的概念由来已久，从历史建筑发展“真实性”保护原则看，不当的修复行为是对其进行拆解甚至篡改。但现实情况是，历史建筑如同老化生病的有机体，要通过“诊治”手段来延续生命，以实现再生或达到“活化”的目的。早在 1904 年的《马德里会议建议》中，古迹被分为两类：一是“死古迹”，指已失去功能的古迹，要防止其荒废需采取加固措施；二是“活古迹”，指要发挥其功能的古迹，要将其修复至可被持续使用的状态。无论是“标本”还是“活体”，都要按照适用性、再利用的要求进行分类，探寻其在社会价值创造、文化层面提升、建筑层面修复、环境与城市经济复兴等方面的作用。活化利用涉及价值重构，需要在权益运作中规避矛盾，并考虑建筑技术的适应性。相当多的文献研究已将城市更新与遗产保护的工程建设集中体现在明晰保护条例、注重地域特色及科技创新三个方面。

（1）从保护原则的视角来看，传承与更新项目的历史信息是第一位的，所以要最大限度地减少对原结构的干预且保存原有的历史信息，尽量采用传统材料及施工工艺。

（2）保持地域特色的表达是再利用的历史人文特征，特别要遵循地域性及风格，在使用施工、设计技术时，首先要加深对原地域文化技术的理解，无论采用何种技术、工艺都不能脱离当地的历史与文化。

（3）保持活化利用技术的科技创新性，是提升效率、降低成本、实现“双碳”目标的前提。传承中创新是建设项目再利用的要点，重点是用先进技术做好检测，制定可持续发展的安全与韧性并存的方案。

2021 年苏州发布的《江苏苏州文物建筑国家文物保护利用示范区创建实施方案》，其在利用上凸显了江南文化的四种方式。一是“以文化人”，利用苏州现存园林遗产、教育遗产等，策划开展多样性社区文化活动。二是“以文报国”，选取苏州革命旧址与名人故居，探索新的利用方式，讲好地域人文故事等。三是“以文兴业”，以建筑遗产中蕴含的江南文化唤醒遗产及有文化价值的点位，融入新业态，如在传承商业历史记忆中，延续苏州极具特质的文化经济学模式。四是“以文筑城”，它几乎是上面三种模式的综合体现，包括“以文化人”“以文报国”“以文兴业”。若没有“以文筑城”的传承与更新利用行动，不能在建设中将设计与施工蕴含的江南记忆整体融入其中，就不可能实现“以文筑城”的目标，也难以将中国古代与现代的人居营建智慧传承发展下来。

讲到苏州建筑技艺，不可不提“香山帮”。作为江南地区最重要的营造传统，它已被列于 2006 年中国第一批国家级非遗名录中，成为最早列入国家级传统建筑营造技艺之一。2009 年，集中了“香山帮”传统建筑营造技艺、徽派传统民居营造技艺、闽南传统民居营造技艺和北京四合院传统营造技艺等的“中国传统木结构营造技艺”，入选了联合国教科文组织的《非物质文化遗产名录》，其中“香山帮”尤为引人注目，在建筑格局、量度体系、构架贴式、榫卯特征、装饰艺术等方面经久不衰。“香山帮”发源于苏州，影响遍及太湖流域。至今，凡提及苏州建筑师，除著名的贝聿铭外，“香山帮”这些大工匠更是值得被关注的群体。

位于苏州城西庙堂巷的畅园，是建于清末的苏州小型园林。畅园采用传统“香山帮”工艺修缮文物建筑，使用原工艺、原材料修缮建筑缺损部位，景观修缮则以恢复其原有意蕴为主，对于无法挽救的部件及时更换，尽量做到最小干预。苏州文物建筑的再利用过程，就是采用“香山帮”营造技艺与用材，凸显地域风貌与特色。早在《周礼·考工记》中就提出：“天有时，地有气，材有美，工有巧，合此四者，然后可以为良。”在具体实践中，要由匠师因地制宜、就地取材和因材施用，如“大才重用”，一般匠师可优先满足厅堂、外立面、门窗洞口等有承受荷载或观瞻需求的公共空间用料；如“稀材显用”，物以稀为贵，这是价值决定的，用稀缺的材料是营造者身份地位的体现，因此，营建中要将它们用在重要的可供观瞻的位置；再如“旧材降用”，体现了营造中循环利用的习惯。唐代文学家韩愈说“大匠无弃材，寻尺各有施”，表明对各种废旧材料的运用，甚至可以反映一个工匠水平的高低。在传统营造技艺中，北京地区有“碎砖墙”工艺，山东有“旧砖石墙”做法，闽南的“出砖入石”及扬州的“乱砖整墙”工艺，都体现了这些做法的智慧。

路径四：在新时代高新技术条件下，采用适宜低技术确是一种值得关注的选择。在国际层面，联合国教科文组织一直倡导在建设中使用低技术。所谓“低技术”并非水准低的技术，而是在科技创新、高效技术大量采用的当下，对于“标本式”或“活体式”遗产与更新项目，要探索再利用的有效路径，尽量采用适用的技术与管理手段，以体现对本土文化的尊重和对资源的全面利用。适宜的低技术主要涉及：①建筑安全保障上，要保障文物安全，恢复景观，维护生态健康，尊重完整与真实性，拓展保护范围，结合需求增加设施等；②在本土化特质上，对原建筑拆下的旧材要再回收利用，适度调整后再巧用，体现古朴质感，也从本质上烘托传统意境。凡有特色的地方保护经验都应关注，凡地域化匠人的传统工艺修缮方法都该继承等。

路径五：韧性安全施工的防范策略。建筑施工，尤其是在山区、沿海等易受地震等自然灾害影响的区域施工，最大限度地降低风险，是确保建筑遗产安全、城市更新项目顺利进行的关键。目前，总的措施是要建立预警系统与机制，强化日常巡查与监测，要确保一旦发生意外能够及时救援与有效疏散，保护人员安全及建筑遗产安全。

（1）台风。建筑工程施工现场对台风灾害的设防标准以施工所在地近 50 年内的最大风力确定，按照近 50 年中最大风力荷载设置塔吊风缆绳、广告牌抗风措施、临建设施、抗风荷载措施等，并杜绝二次灾害事故的发生。

（2）暴雨。确保排水全系统完好。参考 50 年内该地区最大暴雨量，保证系统具有一小时内积水全部排出的能力。施工方要全面排查在建项目，对在建项目基坑壁的有效支护情况、构筑物的变化观测点设置情况、脚手架立杆基础与排水措施的落实情况、塔吊的各种安全装置灵敏度等都需做全面检查。

（3）地震与海啸。地震是施工中面临的最大威胁之一，而海啸不仅可摧毁正在施工的建筑，还可能摧毁既有建筑。施工现场必须设置避难场所，确保安全性及稳定性。对避难所建筑材料要严格筛选，对其面积要做好周密规划。

（4）高温。普遍性高温对施工混凝土浇筑环境会产生不利影响，要组织编制针对高温特点的施工方案，采取有效办法防暑降温，改善作业区、生活区的通风和高温环境。

（5）雷电。凡发生过雷击的地区均要设防。施工现场可能因雷电引发电气设备火灾或损坏，应按照《建筑物防雷设计规范》（GB 50057—2010）予以搭建并施工，对建筑施工现场的脚手架、塔吊、临建设施等全面设防，确保施工安全。

（6）山体滑坡。在山体滑坡中，边坡滑坡事故是最常见的灾难点，应在施工前加强工程地质勘探和调研，掌握工程建设历史上的地质构造及地表水、地下水的流向分布，对有滑坡可能的地段予以认真分析与评价，积极设防，以避免选作建筑施工场地或处置稳定后再进行工程建设。

五、“传承与更新”施工建设方法与“导则”

城市更新要结合地域文化特质和时代需求，深入挖掘并阐释已有的文化内涵，提炼出跨越古今、普遍适用的共同价值理念与精神追求，这是城市更新建设中的“文化之魂”，不能坚持这一点，就等于失去了城市最具特色、最有“故事”的部分，失去了城市应有的历史信息与真实价值。以下从介绍国内外城市更新发展情况与教训出发，阐述设计中应把控的有传承的建设技术“导则”。

1. 英国利物浦城市复兴策略何以成为教训

英国利物浦市海上商城在第 44 届世界遗产大会上被从《世界遗产名录》除名，其市长表示了“无比失望”。对此，世界遗产之城爱丁堡随即表示很遗憾，但也认为这一事件“在意料之中”，并要“引以为戒”。因为在 2015 年，ICOMOS 对爱丁堡进行了考察，提示爱丁堡要停止相关建设，从而避免了被从《世界遗产名录》除名的危险。

爱丁堡确从三个方面汲取了利物浦的教训：①城市中的所有人都要尊重历史环境，以避免新建设对遗产价值的破坏，不仅要保护地标建筑，还要保护天际线、公共空间乃至绿地；②爱丁堡不能为短期利益作出牺牲，要让世界遗产称号惠及所有人；③爱丁堡相信“世界遗产”称号是个积极因素，它可以解决气候变化、游客经济乃至城市不平等问题。利物浦是伦敦之外全英拥有博物馆和画廊最多的城市。2011年，利物浦博物馆对外开放，是一个多世纪以来英国新建的国家博物馆。

1999年，英国被指定为“欧洲文化之都”（European Capital of Culture, ECOC）的东道主，这使利物浦可以借助ECOC成为促进城市复兴的助推器和引擎，也为复制“格拉斯哥效应”提供了契机。此外，利物浦拥有丰富的文化资产，具备申办ECOC的条件。于是，2000年，致力于利物浦市区重建规划的英国第一家城市再生公司——利物浦愿景公司发布了《战略再生框架》。2003年，利物浦从12个城市中脱颖而出，成为2008年ECOC主办城市，其五大发展愿景是：①重新向国内外游客展示利物浦，并鼓励更多游客来利物浦及英国西北部；②鼓励来自默西塞德郡（英格兰西北部的郡）和其他地区的民众参与文化活动；③该项目为城市文化部门创造长期效益及可持续的文化遗产；④传播艺术与文化，将利物浦打造为理想生活、工作或旅游之所；⑤回应地方和区域利益相关者对城市更新的诉求等。

2004年，利物浦因其在世界贸易体系中的历史地位与独特的船坞技术，与中国长城、印度泰姬陵、意大利比萨斜塔等文化地标一起入选《世界遗产名录》。2012年，世界遗产大会发出警告，将利物浦海上商城列入《濒危世界遗产名录》。2021年7月23日，在第44届世界遗产大会上，利物浦海上商城被正式从《世界遗产名录》中除名。事实上，因保护不善而被除名的还有2007年的阿曼阿拉伯大羚羊保护区及2009年的德国德累斯顿易北河谷。分析这些事端的原因，旨在帮助当今的建设与管理者多一份警觉，多一份敬畏，并提升建设与研究的保护发展水准。

原因 1：获联合国教科文组织“2003 年亚太地区文化遗产保护杰出成就奖”的阮仪三教授曾指出，世界遗产也许没有“终身制”，需要可持续的呵护与传承。

原因 2：城市或旅游业迅速发展，很可能造成遗产原真性消失。必要的控制、引导和维护，会减缓建筑物老化，纠正城乡建设无序发展对文化遗产的破坏。

原因 3：不可轻视灾害对遗产的破坏力。1984 年 3 月 15 日，飓风袭击了阿波美皇宫，皇宫围墙和博物馆遭到大规模破坏，使它们被迫列入《濒危世界遗产名录》。

原因 4：大规模的公共和私人工程对文化遗产构成了巨大的威胁。以 14—16 世纪间的印度亨比古迹群为例，它是印度维查耶那伽尔帝国最后的首都遗址，但新建的两座吊桥破坏了自然景观，威胁到了世界遗产的完整性价值。

原因 5：武装冲突与战争给遗产造成了沉重的打击，如柬埔寨吴哥窟遗迹群，作为东南亚主要的考古学遗址之一，记载着从 9—15 世纪高棉王国各个首都的圣迹，但由于国内长年战乱，吴哥窟一直面临抢夺、雕刻碎片被走私的危机。

综上所述，有关学者就总结出利物浦被从《世界遗产名录》除名的教训。

其一，要始终坚持文化遗产的核心价值导向。城市复兴既然选择了文化导向，就不可一味就经济论经济、就空间论空间。不能将文化传承的种子播撒在城市发展的诸环节，就难以重塑人们对城市文化建设的认同与自信，更难以找到适宜的空间文化发展模式。

其二，要始终从公众中挖掘潜力并加大文化传播力度。在文化遗产导向的城市复兴中，要从公众的文化认知中挖掘出绵长且澎湃的生命力，不仅致力于历史文化的传承，还要积极塑造当代文化；不仅有对文化资源的利用，还有对文化事业的支持；不仅打造可传承的文化符号，还要总结城市复兴中可复制的好经验，从而避免重蹈覆辙。

其三，要始终以敬畏之心对待传承与发展，确保建设过程不留遗憾，旨在强调遗产保护以人为中心的方法论。对建筑遗产的传承与更新始终伴随对建筑空间、结构和内外装饰的改造。遗憾的是，不少项目以结构加固为名义，对原有结构予以调整并替换物件。不成功的例子除了被动的项目搬迁，还包括各地进行了一些所谓“主动”建设，因专业人员缺乏技能以及工程技术使用不当，致使某些修复工程过于简单粗暴，对遗产造成了严重的破坏。如 20 世纪 60 年代修复某石刻时，将榫卯、铁箍直接固定在石刻本体上，并用水泥对缝隙予以灌注，其破坏性是不可逆的；还有修缮某唐代木构建筑时，直接锯掉了木材的腐朽部分，而施工前拍摄的施工留档照片因保管不善而丢失，导致 2014 年再次修缮时，已经无法弥补当年因暴力修复造成的破坏；再如，对于某些崖体上的历史建筑，采用混凝土加固无疑解决了崖体风蚀崩塌的问题，殊不知使用这种 20 世纪后的新材料却掩盖了原建筑包含的丰富历史信息，造成无法逆转的失真情况。

当下，由于历史建筑的原始状态与文献遗存极为有限，今人对历史建筑的认知终究有限，还原历史原状几乎不可能。这种修复方式往往会造成历史信息的损失。如河北正定的开元寺钟楼，梁思成先生认为该建筑下层可能保存了唐代结构，上层则在清代重修过。1989 年修复时，钟楼的三层被拆除，重建了仿唐建筑。现在看其遗憾之处是维修不但破坏了清代建筑的真实性，还拆了很可能是唐代建筑结构的月梁等构件，教训深刻。

2.“传承与更新”活化利用建设指南

第一条：指导思想。

中华优秀传统文化创造性转化与创新性发展，需要文博建筑领域、设计施工行业、社会公众共同努力，这是实现活化利用的前提。政策上深化落实中共中央办公厅、国务院办公厅印发的《关于在城乡建设中加强历史文化保护传承的意见》（2021 年）、国家文物局《关于鼓励和支持社会力量参与文物建筑保护利用的意见》（2022 年）、住房城乡建设部印发的《关于扎实有序推进城市更新工作的通知》（2023 年 7 月）等文件精神，多措并举，结合国际视野与中国方案，积极有效地推动具有遗产性质及一般类城市更新建设需求的项目建设，确保文脉得以传承，同时保护真实性信息。

第二条：技术要点。

技术要点即有遗产性质及限制要求的建设项目、一般类城市更新项目及新建项目，在国家、省、市文保及历史建筑规定下的修缮建设要点。它包括对项目整体环境和历史风貌的保护，特别要关注项目总体环境与本体、建筑立面、内部空间功能布局、建筑材料及装饰（包括原有家具及小品等）的保护与修复。力求在修缮查勘、检测鉴定、施工全过程及各个环节，与设计机构相互配合，根据项目的价值（历史、科技、文化）、类型、结构、保存状况、环境条件等，“一策一案”地完成项目的保护传承性建设，为保护与再利用提供条件。

第三条：重视评估。

施工是项目建设的重要环节，施工组织方案前要实施必要的实地勘察与调研，不可简单地“照图施工”。在项目勘察其损失与病害的成因分析中，要针对《中国文物古迹保护准则》（2015 年修订）、《古建筑木结构维护与加固技术标准》（GB /T 50165—2020）、《近现代历史建筑结构安全性评估导则》（WW/T 0048—2014）等确定每个项目的安全评估结论，再与设计单位共商修缮建设措施，并完善施工方案。

第四条：传承原则。

（1）真实性原则，即尽可能保存历史建筑的原貌，反对一切形式的伪造。

（2）最小干预原则，即力求做到无创或微创，不要“锦上添花”。

（3）可读性原则，即要看出各个时代的叠加保持痕迹，发挥“石头的史书”作用。

（4）可识别原则，即缺失部分的修补需与整体保持和谐，要区别于原作。

（5）可逆性原则，即在修缮中，对于历史建筑的加固以及连续构件和更替构件的使用，都应确保易于拆除且不会因拆除而损伤历史建筑。

第五条：重点部位。

根据历史考证及现场调查结果，确定不同策略，以集中反映建筑遗产或一般既有建筑的历史、科学和文化艺术价值。在空间建筑格局上，注重室内外空间关系布局，如建筑体量、尺度、高度、层数、地下空间乃至建筑装饰和结构等；在总体环境与风貌的保护上，要既关注保护控制范围中的景观、小品、亭池、道路，也要注重与项目周边关系的协调；在重点保护部位，特别要注意与历史环境相关的环境、功能空间、立面形式及构件，如内墙面、天花线脚、门窗、楼梯间（木质、铁艺扶手）、家具、灯开关及各种旧式五金件等的保护。

第六条：修缮类型。

传承与更新的保护修缮应特别注重排除与安全或公共事故相关的隐患点，如建筑物发生变形、倾斜、沉降，建筑构件损坏及结构承载力不足；外部环境因素影响，致使建筑无法正常使用；使用功能发生改变，其平面布局与结构有调整等。总体来讲，保护修缮类型主要包括三方面：

（1）局部保护，即外立面整治、局部损坏修复或结构构件加固、楼层装饰等；

（2）综合保护，即对建筑遗产恢复历史风貌的保护，以改善其使用功能综合性（含舒适度、安全性、使用寿命等）；

（3）特殊保护，即对特殊要求所必须采用的特定方法和技术干预，如基础隔震、内部结构替换、局部改建、落架重建等。

第七条：保护流程。

在传承保护的前提下，合理发掘建筑功能及社会价值，实现可持续利用，遵循的基本工作流程如下：

（1）确保项目立项申请，明确项目属于遗产类型还是一般更新类型；

（2）有必要尽早介入或尽可能全面了解房屋质量检测结果；

（3）在施工组织设计中要对设计单位提供的施工图进行全面了解；

（4）有必要对遗产及有历史文脉的建筑和历史街区予以特殊对待；

（5）重大修改、重点做法要由设计、施工、管理方综合评审，对材料、工艺及施工方法进行现场试样，经检验合格后方可施工；

（6）要履行项目竣工验收的相关流程等。

第八条：损伤评定。

项目建设损伤包括裂缝、渗漏、外立面损伤、特色装饰损坏、混凝土碳化、钢筋锈蚀、砖墙风化及酥碱、木材虫蚀及腐朽等，这些损伤在结构安全上主要体现在不考虑地震作用下结构安全性分析和结构抗震性能评定两个方面，结构抗震性能评定应注意结构构造措施及整体抗震性能、抗震承载能力等措施的应用。

第九条：外立面保护。

在考证各时期的城市变迁的基础上，确定相应适宜的历史材料及工艺制作方法，要保留提升的修缮痕迹，去掉影响或降低建筑遗产的附加物，对于一般性更新，也要找到对应城市文脉的特征点位。外立面主要指屋面、墙面、柱子、门窗、雨篷、阳台及其花饰、烟囱、栏杆、紧脚、门窗套等，它有多种清洗复原的做法。要确保外立面修缮方法“一案一策”，明确使用材料、设备技术参数、修缮质量等要求。

第十条：室内保护。

室内空间保护修缮主要包括：结构体系的保护，平面形制、空间格局、使用功能及环境改善等。修缮设计包括功能延续设计、功能完善设计、功能变更设计与复原设计等，室内施工应与之紧密结合，如对功能变更，要多方案比选，在保障整体风貌的前提下，确定必须变更的部分后才进行施工；对功能复原的项目，要找到历史依据，并厘清依据，从施工的原工艺、原材料、原构造上，真正实施复原性施工建设。

室内修缮保护，其装饰是重点，涉及历史遗存地面、内门窗及套、木墙面及隔墙、天花及装饰、家具与灯具、各类五金件及陈列。施工中要全力做到：尽可能体现当年建筑师、建造工匠的技艺及装饰风格，施工要体现独有且适合的装饰材料、构造及手工工艺，尤其要对材质、颜色及安装工艺等的要求把好关。

第十一条：设备保护。

对维护与更新机电设备既要合乎功能定位与整体风格协调，也要注意配合机电设计，使机电设备安装既隐蔽，又易于维护。如给排水施工，尽量不新增雨水管及空调滴水管道，如必须新增，则要考虑不干扰建筑风格，所选的管材宜与原管材相同；对电气设备的施工，坚持供配电系统用原有形式（减少大变化），但线缆规格要采用新规格，提升用量能力，如需增泛光立面照明，也需与设计单位合作布置隐蔽灯具与线缆，同时严格按国标及城市地标，优先做好防雷施工等。

第十二条：韧性施工。

无论是遗产类、更新类，还是新建占主导地位的施工区域，在韧性安全城市建设要求的大背景下，韧性设计与施工是消除危险源的关键。韧性施工强调可逆性，做到安全适用、技术先进、经济合理、因地制宜，从而兼顾保护和利用两个层面。如以施工项目最常见的消防为例，应从施工上研究建筑本体的构造种类、燃烧性能及耐火极限等级，要结合所建项目的保护级别、保护修缮类型及使用性质确定相应的施工做法。如于文娱场所、儿童活动空间、老年人活动用房等，尤应严格按设计施工，特别不应按管理方要求新增厨房等用火空间，对原有厨房的修缮应结合空间特征看，在严格执行防火分隔时，要把握有指标保障的防火材料的使用。

第十三条：环保节能。

凡施工项目均应采用生态环保及节能修缮原则，尽量使用低技术本身，既生态又环保，遵循建筑的历史和文化背景、类型、功能，现有及未来立面形式和用材，进行系统化工程整合。如外窗损坏严重需更换，宜优先选择中空玻璃，不仅框型要与历史建筑协调，还要考量其隔热性能，外窗开启方式也应与原窗一致；坡屋顶建筑宜结合阁楼、房屋修缮，增设保温层；从环保与卫生的角度来讲，各类建筑都应在卫生防疫方面采取相应技术措施；对于南方潮湿地域项目，对新增木构件要考虑施工之前采用白蚁预防措施等。

第十四条：施工专项。

施工建设应编制施工组织设计，明确工程概况、重点保护部位、技术突破点、各项资源配置计划、施工进度方案、现场平面布置及应急对策，特别要研究相关历史资料与建筑材料，必要时参照传统工艺配置修补材料、制作各种小样。此外，施工中要关注对隐蔽项目的查验，发现问题后及时会同设计与监理及相关方协商。

施工专项是指墙面清洗技术、适用历史建筑砖石材料表面劣化的增强技术、历史建筑清水墙或石墙面修缮时的砖粉拼色技术，各种避潮层技术的施工处理等。

第十五条：竣工验收。

传承与更新类项目的竣工验收是非常重要的。项目必须提交修缮建设工程报告，应向主管部门备案。此工作旨在圆满回答该工程在“城市更新行动”中，在科技创新、文脉传承下的所为，即：

（1）对设计单位施工图设计涉及重点保护部位的总体落实情况；

（2）设计结构安全隐患排除、保护加固的干预度；

（3）项目外立面修缮后与建筑原貌的协调性、原真性；

（4）室内空间格局与保护要求的适应性、统一性；

（5）新技术、新材料、新工艺与建筑风格的融合性；

（6）实施施工的重点保护工程与整体风貌的观感认知；

（7）施工工程档案资料的完整、全面、精准度及历史价值，以及对施工监理的评价。

案例篇

Cases

建筑施工作为各类建筑物（含构筑物）的建造过程，是将工程设计图纸的线条与数据，在指定的地点且符合各方要求的条件下，变成实物的过程。如果说工程设计是项目的灵魂，那么建筑施工是实现设计的最重要的环节，它往往融合了设计的要素与建筑各方面的内容。无论是 2008 年的《20 世纪遗产保护 · 无锡建议》《中国文物古迹保护准则》（2015 年修订），2019 年 12 月国家文物局发布的《文物建筑开放导则》，2021 年 8 月修订的《中国 20 世纪建筑遗产认定标准》，还是住房城乡建设部于 2022 年 11 月 25 日印发的《实施城市更新行动可复制经验做法清单（第一批）》等，都体现了国家在城市更新行动中保护传承与发展建设并重的理念。2023 年 7 月 5 日，在住房城乡建设部发布的《关于扎实有序推进城市更新工作的通知》中，进一步明确了城市更新的底线思维及文化传承的理念与做法要求。这些文件无疑成为建设项目传承与更新的施工指南。

工程案例推出不仅可对相关问题进行深入研究分析，还可发现并总结其普遍性、规律性内容，为今后的建设施工提供参考与示范。本篇通过中建三局提供的三类有典型意义的全国区域 21 个项目，按照遗产保护类、城市更新类及文化传承类三部分展开，不论什么建筑类型，其案例都体现了三个特点。

其一，建筑遗产的开放性是城市公共空间的必然选择。施工单位在建设中统筹文物保护与利用的关系至关重要，既要在施工组织设计方案中小心呵护，又要为营造有生命力的空间而千方百计延续它们的生机，使项目更好地体现文化、历史、科学与社会价值。

其二，中建三局提交的案例中，不乏项目设计与施工结合非常好的例子，其中既有外部设计单位的作品，也有中建三局设计的作品。无论以什么方式将施工与设计结合，都考验着中建三局高超的施工专业水准以及将审慎、恰当的传承与创新功能植入的能力。这些保护与更新项目的落地，延续了城市历史，拓展着城市文化，为城市人民生活提供了舒适空间。

其三，体现了精益求精的工匠精神与技艺。无论是建筑遗产的保护及公共空间的转化，还是老企业、老工厂退出城市舞台后的改造修缮或扩建，都以其精致而大放异彩，甚至城市一般更新类的老旧住宅区，也以其对当今生活需求的提升，让城市更有温度，让生活空间更具价值，让不同城市独有的文化气质潜移默化地传到每个社区与公众中。

愿读者从这些案例中不仅能感受到营造的经验与精神，还能从项目的时光浸染中，让案例成为可借鉴的施工建设范本。

遗产保护 Heritage Protection

天津意风区景观提升改造

Landscape Improvement and Renovation in Tianjin Yifeng District

设计单位：北京市建筑设计研究院有限公司

施工单位：中建三局集团北京有限公司

竣工时间：2023 年 4 月 25 日

项目所在区域：天津市

1

一、项目背景

天津意大利风情旅游区（简称“意风区”）是意大利在海外最大的一处风格建筑群落，也是亚洲唯一保存完好的意式风貌建筑群落。该区域占地 28.45 万平方米，拥有 137 栋风貌建筑，全部由意大利建筑师设计。这些建筑包括领事馆、兵营、学校、医院、教堂、球场、菜市场、消防队、花园、广场等西洋古典建筑，街区风貌独特，是天津历史上的重要文化遗产之一。

历史上，一批中、意政界、文化界名人曾生活、活动于此，如近代著名维新派思想家和学者梁启超，话剧大师曹禺等。他们的故居和许多文化遗迹，如孟氏家庙、曾国荃祠堂、安吉里胡同等，都以其独特的建筑风格和人文历史内涵为意风区增添了深厚的文化底蕴。

通过对意风区的现状进行调研分析，发现经过多次规划调整与文物修复，意风区整体风貌保护完整，成为天津知

1 项目俯瞰图

名的旅游目的地，每年吸引大量的游客前来参观。与此同时，该区域内也存在一些城市问题：建筑产权复杂；不可移动文物建筑、历史风貌建筑使用效率低、部分空置；周边车行道路不通畅，人行、慢行体系不连通；商业业态单一、品质低，商业活力不足；文化、居住配套不足，老城区居住条件不良等等。

二、施工技术理念及措施

（一）施工技术理念

本次提升改造中，主要应用的更新理念是：分区策略、片状保护、线性发展、点状植入。更新理念主要体现在以下六条具体策略中：一是分区域、分期地进行提升改造和城市更新；二是“精细化”地处理和保护意风区内的百年建筑；三是重新梳理意风区的城市元素，强化意风区的历史元素；四是补全意风区城市功能，完善功能类型片区功能；五是关注周边居住环境更新，提升居民生活品质；六是与周边区域的联动，加强意风区与天津站、和平区的联系，共同做好提升改造和更新工作，实现协调

2

3

2 项目整体规划平面图

3 项目整体实景照片

和统一。

经过上述理念的打造，意风区在提升改造后，不仅保留了传统街区原貌，还通过步行街的规划，将所有的策略和更新方向围绕着人的使用需求展开，围绕如何让人在街道慢下来，使所有进入意风区的人都能有一些去处，让外地游客，即使不了解天津、不了解意风区，也能在行走间感受这百年积淀的意式风情区。为了实现这一目的，提出以下三个对策：一是景观空间打造，以马可·波罗广场为核心打造十字文化轴，十字轴各具特色，又彼此联系；二是导视标识的提升及完善，融入意大利文化特色，打造标识形象，按等级完善全套标识系统，同时增加文化性的导视地雕，丰富街道元素；三是根据不同的建筑定制泛光效果，使街区内的意式洋楼在夜晚呈现出别样的光彩。

（二）施工工艺及技术措施

1. 道路及地面的保通拆除

民生路北段及南段、自由路东侧人

4

5

6

7

4 马可·波罗广场建成后实景照片
5 民族路建成后实景照片
6 自由道建成后实景照片
7 规划展览馆前广场建成后实景照片

行道石材拆除，重新铺设石材砖。但丁广场车行道路面石材拆除，重新铺设石材砖。民族路南段和北段、自由路中段、自由路西段、光复道西段、规划馆前广场、马可·波罗广场、许愿池广场、潘神广场车行道和人行道路面石材拆除，重新铺设石材砖。路面施工区域内，将影响施工和人流导行的岗亭、活动蓬厅、商户外摆提前拆除或吊移，以提供施工作业面。到有关部门了解开挖区域内的原有管线情况（电、水、通信、消防等），并协助处理，了解附近已有建筑物或构筑物、管道、管线等，采取相应措施，防止由于拆除及挖土而产生下沉和变形，并与设计单位、建设单位及有关部门协商解决。拆除工程的顺序如下：先拆除车行道路面地砖，然后拆除人行道石材，最后拆除树池、井盖、座椅等公共设施。

在拆除过程中，以机械拆除为主，人工进行配合。路面地砖、石材均拆除至砂浆黏结层，尽量不破坏道路混凝土基层，防止道路产生沉降。拆除完成后，应洒水湿润并及时清理干净。对局部混凝土基层破损或裂缝处，采用水泥砂浆填缝处理，保证基层平整性及结构完整性。

2. 景观节点打造

针对马可·波罗广场，本次更新重点考虑了和平女神与周边女神别墅的联系，以和平女神为中心向四周辐射出四条分割线：东西象限指引自由道，向东与但丁广场产生联系；南北象限指引民族路，另外两条分别指引周围的女神别墅群以及东南侧的意国花园。四个方向设置了条椅，希望人们能坐在广场周围，仰望女神，感受百年意风区的历史积淀。在周围增加绿地，打破原来广场生硬的形式，夜晚设置了星空灯，设置原则也是由中间的女神像向四周发散。对于民族路，作为文化十字轴的南北轴线，考虑结合意大利传统园林样式打造景观绿轴，同时在民族路放置了意风区的历史大事件展示牌，人们可以在参观浏览后，走到中心的马可·波罗广场，驻足、休憩，感受百年的历史沧桑。绿轴的打造大量使用绿篱来营造空间，其中增加了造型条椅，营造一种静谧的、仪式感强的景观氛围，与城市的喧闹形成对比。自由道西侧与自由道中段的场地现状有很大的差异，西段有很多餐厅，为消费场所，而中段则相对冷清，几乎没有什么可供停留的区域。作为文化十字轴的

8 马可·波罗广场建成后夜景照片

东西轴线，自由道结合周边店铺，打造意式传统步行街。设计改变了道路的纵横比，将路面变窄，仿照意大利本土的道路和建筑的尺度关系（意大利的街道普遍都不宽，街道空间曲折，具有一定的神秘感）。为了满足不同人群的需求，在适当的位置增加了公共区域，方便非消费人群的停留。

公共区域的设计，铺装形式考虑采用红砖，与其他区域有所区分。红砖同时也与周边建筑产生联系，其中增加了座椅、花台花钵、导视标识、历史景墙等内容，而商户的外摆区靠外摆围栏划分（意大利本土沿着街道会有很多外摆围栏），参考意大利本土外摆区设置的原则，根据场地特点，选择采用阳伞远离建筑的形式，以此来营造步行街热闹的氛围。整体格调与民族路有所区别，呈现出“一静一动”的变化，将不同的文化内涵植入其中。通过改变路面的铺装形式，增加路面的特色景观铺装，与前面提到的马可·波罗广场的东西分割象限形成联系，并在特色铺装上增加地雕，体现和强调与老意风区相同和相关

8

的内容，如女神别墅、和平女神雕塑、意大利兵营、意国花园等。而植物的增加，参照意大利本土植物设置特色，依靠花钵、花箱、花篮等点状植物设计，打造有温度的街道植物色彩。同时更新并升级西段和中段棚亭，之前的棚亭大部分以售卖为主，业态也相对低端。新的棚亭对形式、尺度和未来的运营使用方向均进行了全面考虑，除了零售型的棚亭，还增加了步入式的棚亭，游人可以在棚亭内外停留，品尝意大利特色美食，了解意大利文化。

规划馆前广场虽然具有漂亮的铺装肌理形式，但是不能很好地传递城市会客厅的使用价值。游客在这里也是无法停留的。它虽然有一定的集散和集会的功能，但是日常就只作为美观的广场铺装存在。按照“城市会客”的思路进行更新后，规划馆前广场位置很优越，在传统洋楼和现代建筑——城市规划展览馆之间，无形中产生了新旧的时间交织状态。在策划中，希望来到广场的游客能在室外了解天津，所以把天津的城市肌理从规划馆里“搬了出来”，将城市

9

10

11

12

9 民族路建成后夜景照片

10 自由道建成后夜景照片

11 规划展览馆前广场建成后夜景照片

12 项目建成后吸引大量游客

肌理以景观铺装的形式进行表达，同时增加了音乐喷泉元素，使人们能在此停留互动。天津因海河而生，因海河而兴，充分利用海河的肌理，以镜面不锈钢制作了艺术雕塑，使人们能对海河产生敬畏之心。选择镜面不锈钢也是希望通过反射周围环境来放大空间，使其在白天和夜晚都能呈现不一样的效果。

3. 标识导视系统

标识系统的更新增加了功能属性，力求在功能上满足全新的意式风情街的全部需求。因此，在点位规划、功能定位上，设计人员充分考虑游客需求，设置了大体量的总平面。仿铜材质的选用，体现了整体意风区的城市风貌，也表达了意风区的历史积淀，提升了街区内部的标识导视。

4. 灯光效果营造

整个意风区保存完好，拥有百年历史的意大利建筑群，灯光更新面临的挑战显而易见，需要系统梳理现有的灯光问题，在有限的条件内，合理

13 马可·波罗广场灯光秀和夜景
14 项目全景铜雕
15 项目标识导视系统

14

15

地运用照明手法，让意风区远看有气势、近看有品质，原汁原味地保留并提炼风貌区的特色，通过灯光的运用，全面释放意风区“夜经济”的魅力，打造流连忘返的高品位天津意风区的城市格调。

整体的灯光更新策略将从沿河景观灯光、意风区内高层塔楼灯光协同，四座桥梁灯光的升级，意风区内历史建筑以及第五立面等多个角度统筹出发，然后细分到每个街区。同时，在十字文化轴涉及的街道（民族路和自由道）增加悬浮灯烘托街区氛围，民族路以海洋元素为主题，自由道以星空元素为主题，最终交会于马可·波罗广场，彼此呼应、相得益彰。另外，在整个自由道增设灯带，结合小料石铺装设置发光砖，增加夜晚的灯光氛围，这也是出于在传统之上增加现代感的考虑。

三、文化传承经验

意风区是天津的城市会客厅和城市名片。景观提升改造后，街区风貌原汁原味地呈现出了意式风情，设计上也更加人性化。意风区核心区域的路面铺装、绿化种植、照明设备、配套景观的水准都得到了显著的提升。此次提升改造通过深入挖掘城区历史文化艺术资源，充分发挥意风区资源富集优势，为天津延续城市历史文脉、塑造社会主义现代化大都市风貌起到了锦上添花的作用。

大运河杭钢工业遗址综合保护

Comprehensive Protection of Hanggang Industrial Site on the Grand Canal

设计单位：家琨建筑设计事务所、

浙江大学建筑设计研究院有限公司

施工单位：中建三局集团华东有限公司

竣工时间：2023 年 12 月 31 日

项目所在区域：浙江省杭州市

1

1 项目全景效果图

一、项目背景

杭钢旧址位于拱墅区半山街道，紧临半山。建厂勘测过程中曾多次发掘出古墓，证实了4000多年前该处已有人类活动的痕迹。在唐代，半山（时称皋亭山）赏桃花成为杭城风尚，吸引文人墨客在此留下优美诗篇。宋代以来，直至新中国成立，半山寺庙遍布，香火鼎盛。1950—1960年，受到大炼钢铁等运动影响，浙江省决定兴建“浙江钢铁厂”（简称“杭钢”）。1958年2月，炼铁第一车间产出第一炉铁水。1958年5月，炼钢车间一号转炉产出第一炉钢。1985年，经过28年的发展，杭钢成为杭州的支柱企业之一，被称为“半山脚下的十里钢城”。1990年，由于污染的加剧，杭州市开始整治城北工业区。2000年，运河边的工业逐渐搬迁、关停后，城北大工业区便成为历史。2014年，京杭大运河入选世界文化遗产。2015年，杭钢正式关停，气度不凡的杭钢留存在杭州秀美的山水之间，默默地讲述着这座城市的发展和变迁。杭钢是浙江省建立的第一座钢铁厂，其 60 年的历史在人类工业炼钢约 250 年的历史中也占据了四分之一的篇幅。

2

二、施工技术理念及措施

（一）施工技术理念

出于对工业建筑历史的尊重和对当代地域性的探索，杭钢遗址公园应成为不可复制的文化地标。特制定如下城市更新理念。

珍视杭钢历史：人类炼钢史不过 250 年左右，杭钢历史约 60 年，占炼钢史的四分之一。将其定位为遗址公园，尊重历史当是首则。

保护时间痕迹：遗存建筑的立面被时间赋予了各不相同的肌理。保留遗存建筑上的各种岁月肌理，就是保留当代

3

2 项目实景图
3 关停后的钢铁厂（组图）
4 游客中心剖面图

人与时间对话的媒介。

谦逊衬托遗存：遗存建筑的形式已完美自洽。新建筑应以极其谦逊的姿态，衬托遗存之美、补充其功能缺失。遗存建筑作为“展品”控制全局，新建建筑作为“展台”谦逊衬托遗存。

山水之间造园：尊重江南地域性特征和现场遗存，于山水之间营造当代活力园林。

结合上述理念，对该遗址的区域功能进行以下划分。

（1）游客中心 / 婚庆会馆片区（原一号高炉区）。外部增加“展台”式新建筑，补充面积、功能的不足。新加建部分的功能为游客中心及婚庆商业。高炉一层作为工业风格餐厅，二层为婚庆商业功能，三层利用较大空间作为宴会厅。游人可分别从公园西入口或电车站向南到达此片区。

（2）艺文娱乐片区（原二、三号高炉和老一号高炉矿槽、铸铁机房区）。架空廊在原高炉的北侧经过，可以从空

4

5

6

7

8

5 游客中心片区
6 文化娱乐设施效果图
7 文创市集片区效果图
8 时尚体育片区设计概想

中直接到达室内场馆以及新建系统。新加建部分紧临金昌路,并围合在高炉东、南及西侧，既可对内服务，又可独立对外服务。东侧布置利用率极高的多功能厅，该厅的入口面西，其集散院落由新旧建筑围合而成，使进入大厅的人流能直接感受时间和时代的变化。为充分利用大屋面，多功能厅的屋顶在南侧道路处折面上翻，布置公共露天小剧场。新老建筑内的场馆均能满足常态化和个性化的要求。

架空廊道与舞台对应的部分，变化为多层平台，下部与舞台相接，成为舞台的一部分，使舞台、架空平台、高炉共同构成了多个表演和观赏层次。

（3）文创市集片区（原二车间主机房区）。原多栋建筑布置自由，间植树木，氛围轻松。设计时在场地中增加新体量，以补充功能面积。在原建筑之间增设平板,增强建筑间连接,遇树开洞,形成露天立体园林市集。屋面东侧折线上翘，既争取了层高，又丰富了屋面景观的多样性。

（4）时尚体育片区（原焦炉厂及老配煤仓区）。将东西向的原焦炉厂内部改造为时尚体育互动区，焦炉厂北侧

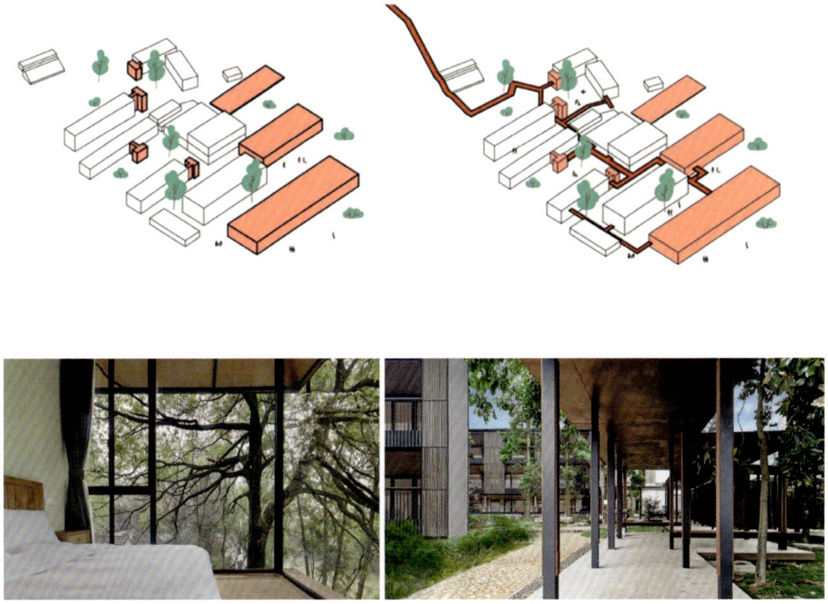

9

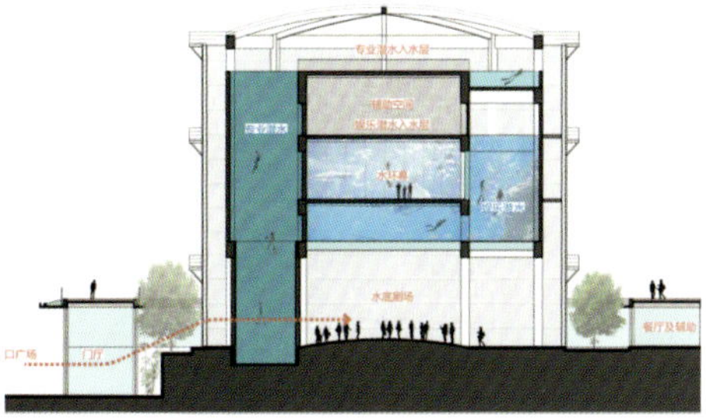

10

9 酒店片区设计构想（组图）
10 室内潜水馆

至储运路临街部分设计为活力运动中心，老配煤仓改造为空中酒吧餐厅。

时尚体育互动区：在东侧的遗存建筑之间插入多个新体量，并由此生长出多栋平直的新建筑。活力运动中心：新建筑的高度均不高于遗存建筑，以表达尊重。同时，为减小体量，将新加部分拆解为“台”和上部建筑，基座下沉，进一步弱化体量。南侧的下沉院落向北延伸至中间高大空间的篮球训练馆，将该馆的屋面设为露天网球训练场。

（5）设计酒店片区（原生活区及山上水池区）。原生活区建筑体量较小，分散在树木葱郁、环境清幽的马岭山南侧坡地上。在酒店区东南侧，增加新建建筑作为酒店入口和公共服务部分。将有挑廊的原宿舍及办公区改为酒店客房。设计用连廊连接各部分，形成既有江南传统意蕴，又具当代艺术表达的庭院空间。

住客可通过客房区以及西侧的公共酒吧餐厅区的空中廊道，信步来到绿树遮蔽、神秘的原山上水池。设计将水池改造成带花园的游泳池。池顶设置半透明的活动电动折叠顶棚，满足不同季节全天候使用的要求。池内壁上花藤蔓延，氛围轻松。

（6）科技娱乐片区（原气柜区）。新建建筑坡度较平缓，以景观建筑的方式与马岭山融为一体。屋面上的“阁”

11

以轻盈的姿态眺望园区。新建筑内布置数字娱乐功能，可举办一定规模的电竞比赛。除保留气柜外立面钢结构风貌，在其内部打造一座具备潜水、水下摄影、海洋科普等功能的室内潜水馆。

（7）中心广场活动区。以二、三号高炉为背景，可举办大型城市集会、露天音乐节以及特色展览和特色集市等活动。舞台后侧为固定的公共卫生间和化妆间等舞台辅助功能空间。前端根据不同的活动要求搭建舞台。

灯光照明。以灯光烘托遗存高炉的刚毅魅力，变化演出的氛围，调动观众的情绪。灯光也将表达当代园林的宁静意境。设计与专业景观照明设计单位紧密合作，使各区的夜景照明各具意境。

技术先进及节能环保。设计满足相关的上位规划及国家规范等要求，重视建筑技术的先进性、可行性、经济性，以及节能环保、绿色设计等。

（二）施工工艺及技术措施

1. 土壤修复施工工艺

由于项目地块污染因子多，部分区域存在地下水污染情况。为确保修复达标，同时符合开发节点要求，在省、市生态环境部门指导下，项目按照“土壤修复＋开发建设”的总思路，多维创新探索工作模式。

基于土壤污染及土质特点，建立了高效修复技术矩阵，对具有不同污染特点的土壤进行有效分流，解决了水泥窑协同处置接收难、接收慢等问题，实现了污染土壤分类快速高效修复。在充分分析地块污染特征及污染分布、场地水

12

11 科技娱乐片区效果图

12 水榭观光平台建成效果

文地质条件及现场施工条件的基础上，注重治污的彻底性和安全性，对土、水污染重叠区域的土壤进行彻底清挖、修复，对受到污染的地下水进行全量抽提与处理，消除区域固、液污染介质，并加强跟踪监测，实现了污染风险安全消除和地下水修复效率的有效结合。

2. 外立面修复工艺

根据历史建筑保护原则，不论是文物建筑还是历史建筑，外立面修缮不能改变其原有形貌，根据分类保护原则分为普通修缮、修复修缮、现状维护。以06 地块为例，该项目内改建建筑外立面主要为涂料墙面及马赛克墙面，设计均以保留建筑原有肌理为原则，尽量保留原材料并延长其耐久性。现场墙面存在不同程度的病害情况，主要原因包括水汽渗透侵蚀、暴晒和高温、风荷载和机械磨损、污渍与饰面损坏。针对各类病害情况，总结出有效的外墙处理方式，最大程度地保留工业遗存原始风貌。杭钢钢铁厂外立面风貌主要包括混凝土露面、钢结构露面、清水砖露面及涂料露面。风貌修复往往具有不可逆性，因此，严格的样板指导是保证修复效果的唯一路径。修复样板应兼顾典型性和多样性。

3. 工业遗址厂房加固改造与抗震设计

根据房屋鉴定报告，部分建筑的可靠性评定等级较低，按照现行的抗震设计规范，现状存在抗震构造不足的情况。通过对结构建立空间模型进行受力分析，查出抗震构造不足的构件，并有针对性地进行加固。并且根据改造后的屋面荷载，重新对屋架结构进行受力分析和施工图设计。拆除和加固施工工艺主要包括对原建筑物承重构件拆除、新增结构和基础、钢筋网水泥砂浆面层加固、结构加强（粘钢加固、碳纤维加固、高延性混凝土加固、钢梁加固）。同时，通过外墙清洗、修补、保护剂涂刷来实现对外立面风貌的完美保留。

4. 工业遗存厂房改造再利用的建筑节能

由于建筑使用性质及节能规范等的变化，既有工业遗存原本的节能措施已经不能满足国家现行建筑节能要求。通过对外围护结构的改造、对屋顶保温的改造、对门窗的改造、对采暖及通风方式的改造等方面，提升节能效果；通过对可持续能源和节能建筑设备的使用降低建筑的能耗，全面体现了绿色发展的理念。

5. 锈红色清水混凝土配比工艺

锈红色混凝土的呈现效果受水泥标号、水泥含量、集料类型、水灰泥、氧化铁等多种因素的影响，且不同施工时序会导致色差，需严格控制变量。项目已联合混凝土厂进行了一百余次实验，通过打样肌理的对比、养护，等待凝固稳定，观察褪色程度等来缩小配比参数调整范围，确定了最佳的配比方案。同时，通过对关键参数的研究，以实现减少天气、运输时间等因素对大体积浇筑施工的观感质量影响。

13

14

三、文化传承经验

（1）建立新系统。用新系统组织空间，联系和划分各个功能区域，以积极的方式激活遗存建筑。作为遗存建筑改造的功能性补充，新体系以板、柱为基本元素，以平、远为形式特征，以锈红混凝土为基本材质，力求以适度的分寸融入遗存建筑。其形态对高耸而复杂的工业遗存是一种对比和衬托，而在色彩和气质上则是一种呼应。场地现状遗存建筑分布零散，缺乏游览趣味，加之遗存建筑尺度各异，部分空间不能满足功能需求。为改善现状问题，充分实现设计理念，主要的设计策略是建立一个“新系统”。

13 节能改造
14 清水混凝土配比工艺

（2）于山水之间营造当代活力园林。“蹑山腰，落水面，任高低曲折，自然断续蜿蜒”，新系统连接要素、划分空间，在马岭山和杭钢湖之间形成曲折且富有变化的当代活力园林。

（3）组织空间结构。新系统结合现状道路及山体，环绕场地中心，连接周边区域，明确场地分区。

（4）激活遗存建筑。新系统联系遗存建筑，补充了遗存建筑面积及功能上的不足。

（5）组织空间节点。新系统打造了一条趣味路线：在较长的线性系统中适度增加节点，提升游览的趣味性。

（6）功能。新系统不仅是一条遮阳避雨的游览路径，也为场地提供了一个上下均可使用的环场跑道与自行车道。增加的节点提供了多视角观光平台。

（7）形态。与遗存建筑并置，谦逊衬托遗存建筑。新系统继承充满先人智慧的“河姆渡干栏式建筑”特点，尽可能弱化体量，与地面轻接触。在此原型基础上进行创新，衍生出“廊、亭、榭、阁、塔、廊桥”等变体，对江南传统意蕴进行当代表达。新系统以板、柱为基本元素，以平、远为形式特征，以锈红混凝土为基本材质，力求以适度的分寸融入遗存建筑。其形态对高耸而复杂的工业遗存形成了鲜明的对比和衬托，而在色彩和气质上则是一种呼应。

（8）锈红色混凝土。锈红色混凝土提炼于现场遗存建筑，本身具有工业建筑的气质，使新系统更好地融入遗存环境中。

（9）分期生长。新系统是可发展的，且各阶段均可保持其完整性。初期构建系统结构，根据需要增加功能节点，在完整的空间结构下可持续地补充和完善。

（10）遗存建筑改造及利用策略。利用性能良好的原建筑结构，保护现存设备管线，避免大规模结构加固；同时对原结构骨架尽量不做包裹遮挡，而是将加建部分嵌套其中。各个片区根据不同的遗存风貌和功能要求，在统一的形式语言下，灵活变化设计手法。

襄阳古城综合整治提升

Comprehensive Improvement and Enhancement of Xiangyang Ancient City

设计单位：中建三局集团有限公司设计院

施工单位：中建三局基础设施建设投资有限公司

竣工时间：2021 年 7 月 10 日

项目所在区域：湖北省襄阳市

1

1 绿影壁巷实景图

一、项目背景

襄阳古城是襄阳市作为国家级历史文化名城的重要物质载体。古城依山傍水，古老的城墙仍然保存完好，有“华夏第一城池”之称。其护城河依旧碧波荡漾，襄阳古城凭山之峻，据江之险，外揽山水之秀，内得人文之胜，赢得十里风光。

襄阳东西大街是襄阳古城东西向的主干路，自三国时期，东西大街一直作为襄阳城内部重要的交通干道，是重要的历史轴线，同时沿线串联了昭明台、市中心医院、襄阳四中、襄阳剧院等公共设施，也是襄阳城内重要的生活主轴线。

绿影壁巷是襄阳古城内与南街相接的一条街巷，因巷尾的绿影壁而得名，1979 年 8 月被命名为绿影壁，1981 年 7 月改名为绿影壁巷。绿影壁巷原是一条很窄的巷子，20 世纪 80 年代，市政府对绿影壁巷进行了脱胎换骨式的改造。然而，最近几年，整个道路沿线多处出现坑洼、破损。机非混行存在安全隐患，车辆肆意穿行造成交通拥堵，且不利于街巷的长远发展。

古城内的环路是古城重要的生活交通系统，是彰显襄阳历史文化的窗口，也是展示古城“华夏第一城池”魅力的主要线路。但是，其沿线存在建筑立面风格混杂，店招形式各异的问题。建筑屋顶多为平屋顶，屋顶形式杂乱，建筑围墙各异。总之，沿线建筑与古城风貌不协调，行道线性绿荫环境虽然较好，但是缺少特色小品，绿化品质不高；空间开放度不够，特别是城墙重要节点空间序列感不强，局部路段存在架空管线与零星入户线横穿道路的现象，部分杆塔存在侵占市政道路、影响城市景观等一系列问题。

襄阳古城综合整治提升工程 EPC 总承包项目，包含古城内 277 栋建筑外立面改造及亮化、7.2 km 道路整体提升、沿城墙周边绿化工程、古城内 9 处景观节点改造，以及古城区东西街、内环路、新街、荆州街等 29 条路架空电缆入地等工程。

二、施工技术理念及措施

（一）施工技术理念

1. 外立面整治工程

对古城东西街、南街、绿影壁巷、内环路等街道的沿线立面的综合整治以及对城市主道建筑的亮化点缀，对沿线存在的建筑立面风格混杂、屋顶形式杂乱、墙面色彩各异、城墙空间序列感弱等影响城市景观的一系列问题进行提升改造。本次改造提升了古城一带的建筑风貌，推动了襄阳古城保护与发展，传承了古城文化，擦亮了古城品牌，有利于襄阳旅游业的发展，对文明城市的创建具有重要意义。

襄阳城区为历史风貌区，其色彩定位为古朴沉稳的暖灰色系，整体改造风格定为明清风格。

2. 景观提升改造

城内及胜利街沿线景观节点提升，旨在利用现有的街角空地或路边未开发荒地，将其开发成街角公园和城市绿地，为市民和游客提供休憩空间，同时结合襄阳本地文化设置相应小品和地标，提升城市公共活动空间的文化氛围。

城外城墙周边景观以城墙周边开敞空间为线索，沿护城河将各个景点进行串联，对城墙周边的园路进行改造提升。

3. 道路整治提升

襄城区为历史风貌区，东西大街规划为城市的主干路，作为古城东门桥与西门桥的联系通道，其两次穿越古城墙，承担着重要的道路景观功能，并与古城历史风貌相协调。内环路整治工程设计必须与现状及周边环境相契合，作为古城内部重要的生活交通道路。要特别注重保持与古城风貌的协调性。

2

2 绿影壁巷改造前

4. 架空线缆入地

管线入地是对古城内东西街、内环路、陈侯巷、民主路、荆州街等 29 条道路的现状架空线路全部通过在地下埋设套管穿电缆的形式入地，拆除原有电线杆及架空线缆，解决“蜘蛛网”问题，保证襄阳城市天际线的美观，提升襄阳城市形象。

（二）施工工艺及技术措施

1. 外立面整治施工措施

刷新墙面，统一广告样式及色彩；沿街建筑的墙面喷外墙岩片漆，临街商铺的墙面贴仿古砖。

部分建筑加设屋檐、中式窗花，突出历史风貌特色，增加装饰线条。

增加配件，规整空调位，增设空调格栅；拆除临街建筑外挑的防盗网，将其更换成内置防盗网。

对于自身条件较好的建筑，以清理、规整、墙饰更新等更新措施为主。

对主道临街建筑进行亮化点缀，营造襄阳绚烂夜景。

其中，在针对外立面的整治施工中，需采用仿古坡屋檐施工工艺。我国古代建筑普遍采用坡屋面设计，为将现有建筑改造为古建筑风格，原计划将这些建筑改为古建筑样式的坡屋面，但由于改造建筑都是有二三十年历史的老建筑，整体增加大坡屋面将给建筑增加较大荷载，无法保证改造后的结构安全。与建设单位、设计院及相关结构专家讨论后，决定采用轻钢结构结合树脂瓦为建筑增加坡屋檐，这样既可以达到仿古效果，又能保证结构安全。

仿古坡屋檐施工需先拆除建筑旧有女儿墙，在屋面浇筑钢筋混凝土以配重，再固定槽钢和方钢组成的钢骨架，之后在钢骨架上固定树脂瓦，最终形成坡屋檐。

另外，由于绿影壁巷现有建筑均为20 世纪八九十年代的建筑，为了营造绿影壁巷建筑仿古效果，拟采用在现有墙面外贴仿古砖，以模拟古代砖砌房屋的样式。为避免二层以上房屋外墙贴砖后存在脱落伤人风险，最终二层及以上

3

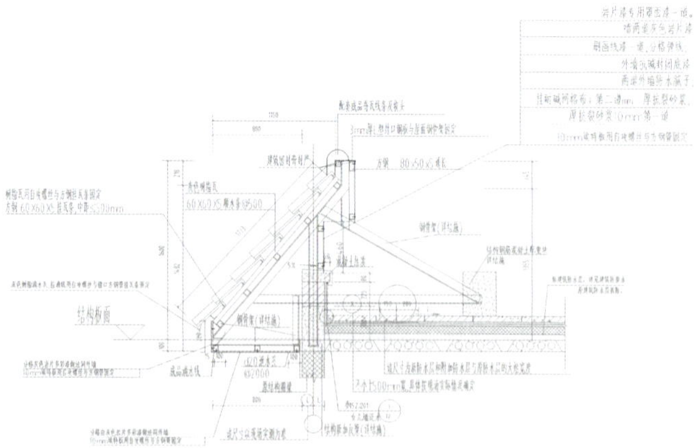

4

3 仿古坡屋檐施工实景
4 仿古坡屋檐设计图
5 绿影壁巷 15# 楼改造前照片
6 绿影壁巷 15# 楼改造后照片
7 绿影壁巷改造前照片
8 绿影壁巷改造后照片

外墙采用岩片漆分格模拟砖砌样式，完成后效果很好。

采用岩片漆做仿古砖样式先将旧墙面铲除，清扫墙面后，对部分凹凸不平的墙面用 1 ：2.5 的水泥砂浆抹灰修补，洒素水泥浆界面剂，并在窗边刷防水涂膜，之后涂刷抗裂砂浆，避免墙面后期出现裂纹，再满刮防水泥子，打磨两遍使之平整，喷涂底漆，勾缝分格处理，最后喷涂岩片漆和罩面漆。常规岩片漆施工，分隔缝间距为 2~3 m，为做成仿古效果，绿影壁外墙岩片漆分隔缝间距为 15 × 5 cm，虽增加了施工难度，但保证了改造效果。

2. 景观与道路整治提升改造施工措施

对城墙外的高大乔木进行稀疏处理，城墙边 10 m 内不得种植高大根深乔木，以免破坏城墙。对城墙周边景观

5

6

7

8

9

10

11

12

效果不足位置补种苗木以进行景观改造提升，同时对与周边景观不协调的路灯、垃圾桶、坐凳等进行更换。

维持现状路幅宽度，取消沿线路内停车，规整非机动车停车，优化道路断面，在人行道增设绿道，将其作为非机动车道，还原机动车道通行空间，保证机动车顺畅双向通行。

规整人行道上的附属设施（路灯、监控等），梳理慢行通行空间。

现状机动车道路面刷黑（含破损路面修补）。

9 昭明台节点改造前
10 昭明台节点改造后
11 护城河改造前
12 护城河改造后
13 西南内环道路改造前
14 西南内环道路改造后
15 新城湾路线缆入地改造前
16 新城湾路线缆入地改造后

13

14

人行道铺装及路缘石翻新改造。同时对西北、西南、东北内环现状雨污分流管进行合流改造，解决古城内常年积水问题。

三、文化传承经验

紧紧围绕襄阳城市发展规划，将襄阳古城城墙、古隆中、三国文化等区域特色融入工程建设，保持古城气息的原汁原味，让市民生活更加舒适，让城市形象得以提升。

15

16

（1）保留历史记忆。襄阳古城是襄阳的老城区，是襄阳人民共同的历史记忆，在城市更新改造中，要注意倾听市民和社区意见，更加了解所在社区、街区的历史，在城市更新改造设计中最大限度地保留既有建筑特色，对与所在社区、街区历史、特色不协调的建筑要加以改造，使之符合所在地特色。

（2）拓宽城市空间。襄阳古城作为老城区，由于人口密度大，公园、广场等公共空间严重不足，对市民公共生活的舒适度有严重影响，为此，在古城内部分街角、拆迁区域，因地制宜修理了部分街角公园，增设部分工艺品和休息设施，为市民提供更多游乐和休憩空间，让古城游客游览得更舒适。

17

18

19

20

21

22

23

24

17 西北内环夫人城人行道改造前
18 西北内环夫人城人行道改造后
19 昭明台亮化改造前
20 昭明台亮化改造后
21 绿影壁巷牌坊改造前
22 绿影壁巷牌坊改造后
23 绿影壁巷改造效果图
24 护城河改造效果图

（3）政府主导，解决民生难题。老旧街区由于建设年代久远，民生服务设施建设不够细致、周到，我们要利用改造提升机会，对下水管道、照明设施、环卫设施等民生服务类设施加以改造完善，这样一方面可以提升居民生活舒适度，另一方面可以加大社区、居民对项目的支持度，减少项目实施过程的阻力。比如在改造古城内环路时，发现内环路民主路南街段在雨天积水严重，极大地影响了居民的出行，为此，项目方与住建局、建设单位、社区进行沟通，将内环路民主路南街段排水改造纳入本项目改造范围，解决了居民长期面临的出行难题，得到了社区与居民的一致称赞。

古城改造项目荣获 2021 年度襄阳建筑工程市优质工程“隆中杯”奖、襄阳市工人先锋号、2020 年度中国城市城市更新和既有建筑改造优秀案例推选。项目被襄阳市本地、市政府网站，省级媒体及搜狐等众多媒体报道宣传。

针对古城改造项目举办了襄阳市市政工程质量安全观摩会，得到业主和行业代表们的一致认可，并召开外立面脚手架安全施工观摩会，为襄阳建筑外立面施工树立了标杆。

25 项目所获荣誉（组图）

26、**27** 绿影壁巷外立面改造图

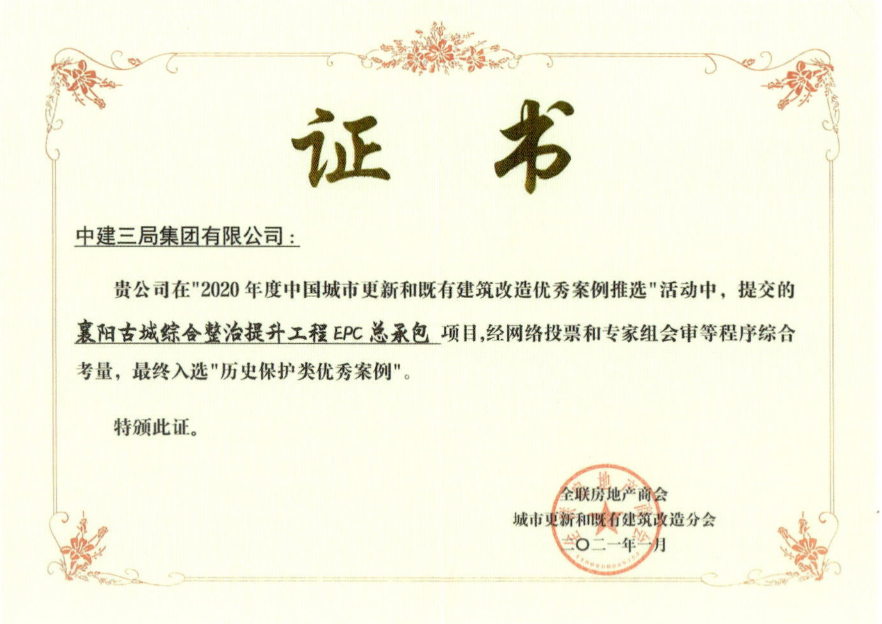
证 书

中建三局集团有限公司：

贵公司在"2020 年度中国城市更新和既有建筑改造优秀案例推选"活动中，提交的襄阳古城综合整治提升工程 EPC 总承包 项目，经网络投票和专家组会审等程序综合考量，最终入选"历史保护类优秀案例"。

特颁此证。

全联房地产商会
城市更新和既有建筑改造分会
二〇二一年一月

荣誉证书

HONORARY CREDENTIAL

襄阳古城综合整治工程EPC总承包项目荣获

2021年度襄阳市建筑工程“隆中杯”奖

（市优质工程）

建设单位：襄阳市政府投资工程建设管理中心
施工单位：中建三局集团有限公司
项目经理：弓宏涛

襄阳市建筑业协会
二〇二二年四月

25

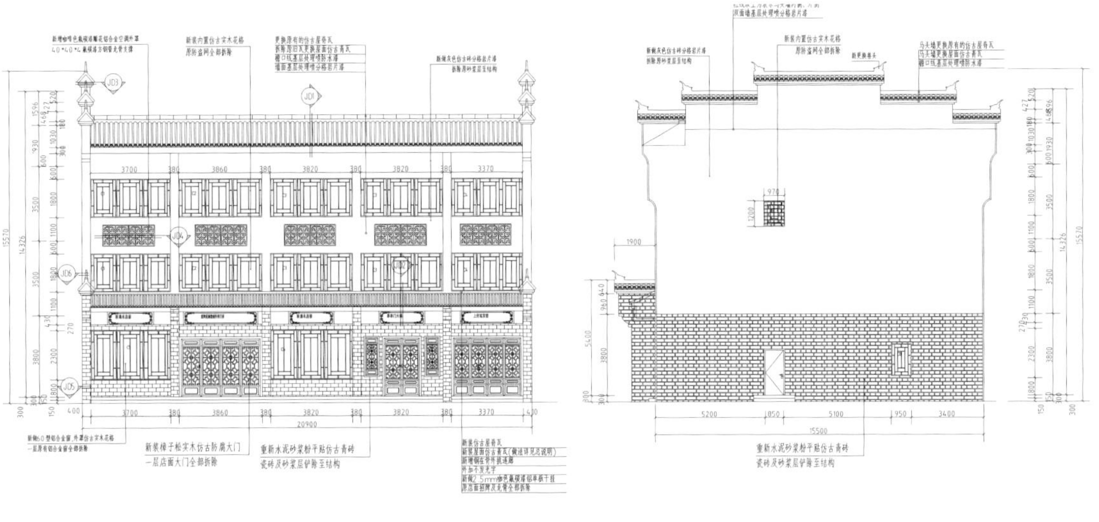

26

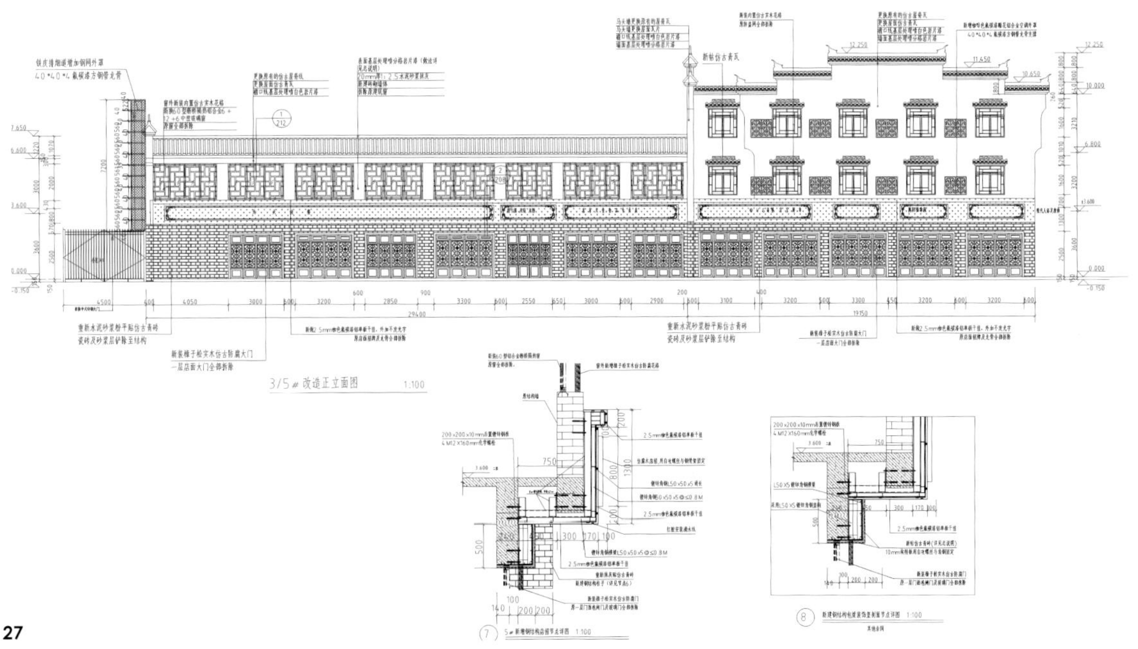

27

杭州临平段古海塘异地迁移

Relocation of Ancient Seawalls in the Linping Section of Hangzhou

设计单位： 浙江省古建筑设计研究院有限公司

施工单位： 中建三局集团华东有限公司

竣工时间： 2022 年 11 月 25 日

项目所在区域： 浙江省杭州市

1

1 临平段古海塘异地迁移效果图

一、项目背景

海塘是人工修建的挡潮堤坝，是钱塘江河口两岸平原的御潮屏障，是数千年来钱塘江两岸人民与大自然相互作用、相互影响而形成的“捍海长城”，是中国水利工程的杰出代表。它见证了历代劳动人民勇立潮头、敢于拼搏，筑塘围城、造福人民的悠久历史，具有极高的历史、艺术、科学、社会和文化价值。杭州临平段海塘是目前杭州范围内发现规模最大、结构最完整的古海塘遗址。

杭州海塘为钱塘江北岸海塘的一部分，总长约 37.8 km，塘线地跨西湖区、上城区和临平区，呈西南－东北走向。其中临平段总长约 8 km，个别路段因建房或修路等被破坏或埋入地下，其余基本地表可见，现为村道或河岸驳坎。

京杭运河浙江段三级航道整治工程是浙江省实施“港航强省”“内河水运复兴计划”，发展“海洋经济”战略目标的重要举措，具有实施的必要性。该

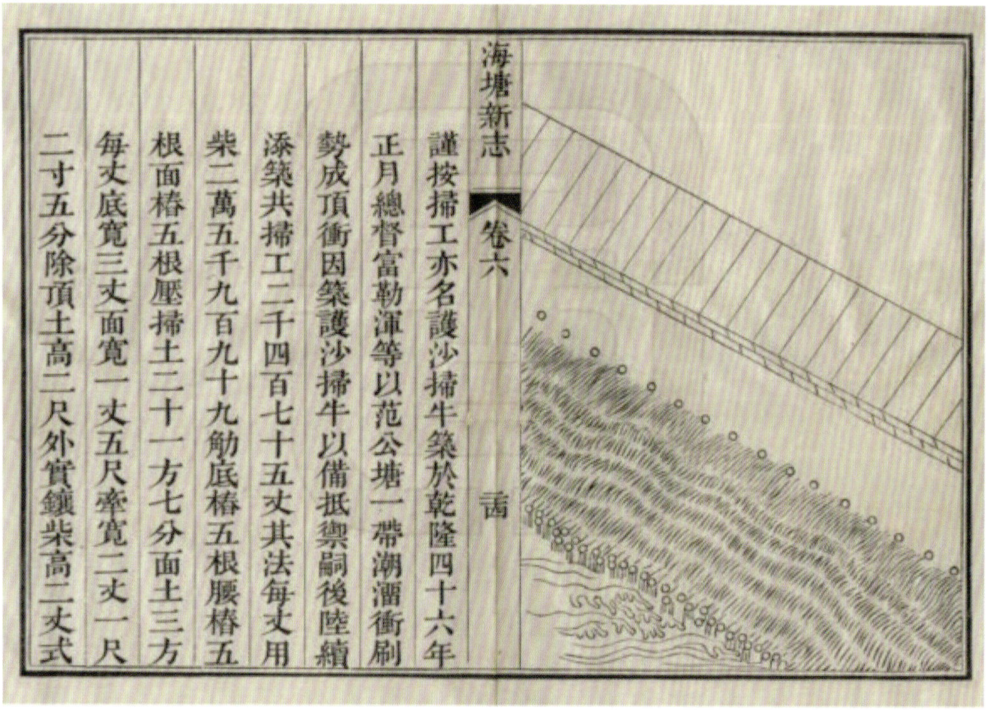

海塘新志　卷六

謹按埽工亦名護沙埽牛築於乾隆四十六年正月總督富勒渾等以范公塘一帶潮溜衝刷勢成頂衝因築護沙埽牛以備抵禦嗣後陸續添築共埽工二千四百七十五丈其法每丈用柴二萬五千九百九十九觔底樁五根腰樁五根面樁五根壓埽土二十一方七分面土三方每丈底寬三丈面寬一丈五尺牽寬二丈一尺二寸五分除頂土高二尺外實鑲柴高二丈式

2

工程涉及浙江省省级文物保护单位——杭州临平段海塘，该段海塘连成一线，航道工程无法避免与古海塘相交，致使该段海塘无法在原址保护，需将该海塘范围内的约 100 m 石塘和 90 m 柴塘异地迁移至原址以北的“引水入城”公园内进行保护展示，打造作为海塘主题的遗址公园。

该段海塘的柴塘修建于清乾隆四十八年（1783 年）。塘体迎水面采用柴土夯筑，柴束捆绑扎紧，背水面为覆土堆积，迎水面及背水面均钉有木桩，以加强塘体结构。运河二通道河道驳岸内已发掘柴塘长约 90 m，断面呈梯形，

3

4

5

2 《海塘新志》中在范公塘一带修筑的柴塘

3 《海塘录》中的柴塘图

4、5 杭州临平段柴塘

高出地表 5~6 m，底宽 12~21 m 不等，东侧窄、西侧宽，平面呈曲线走向。

石塘修建于清乾隆四十九年至五十二年（1784—1787 年），顶宽约 1.44 m，为防洪御潮的主体，其形制为十八层鱼鳞大石塘。鱼鳞大石塘主塘分为塘基、塘身和附土三部分，塘基钉杉木木桩 11 路。塘身用条石纵横间砌，参差压缝，平面呈“丁”字形，塘顶盖面石全部纵砌，剖面叠砌呈“品”字形，内外均逐层收分。塘身后贴塘填筑附土并高出塘顶，以阻挡潮水越过塘顶，同时保持塘身的安全稳定。为使条石间嵌合连贯，加强整体性，塘身内采用了铁锭和铁锔等嵌联件。为使条石间相互黏合，塘身合缝处以石灰和糯米汁拌和作为砌灰（黏结材料）。

二、施工技术理念及措施

（一）施工技术理念

海塘是我国特有的水利工程，体量大、构造复杂，有其独特的营造规则，文物保护难度大。国内外对古海塘的大体量拆解迁移、精准复原、科技保

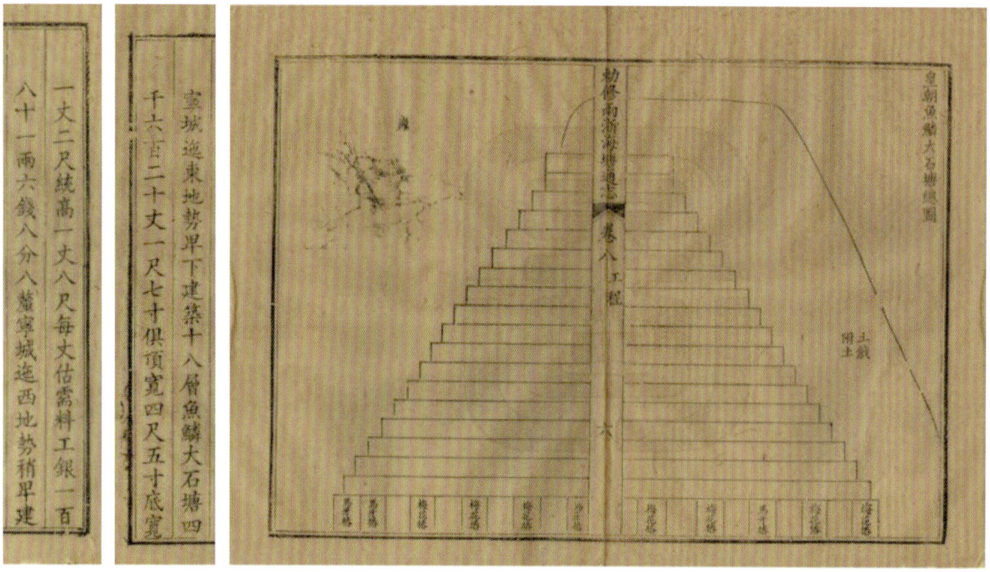
寧城迤東地勢卑下建築十八層魚鱗大石塘四
千六百二十丈一尺七寸俱頂寬四尺五寸底寬
一丈二尺統高一丈八尺每丈估需料工銀一百
八十一兩六錢八分八釐寧城迤西地勢稍卑建
皇朝魚鱗大石塘總圖
敕修兩浙海塘通志
卷八 工程
六
海
土戧
附土

6

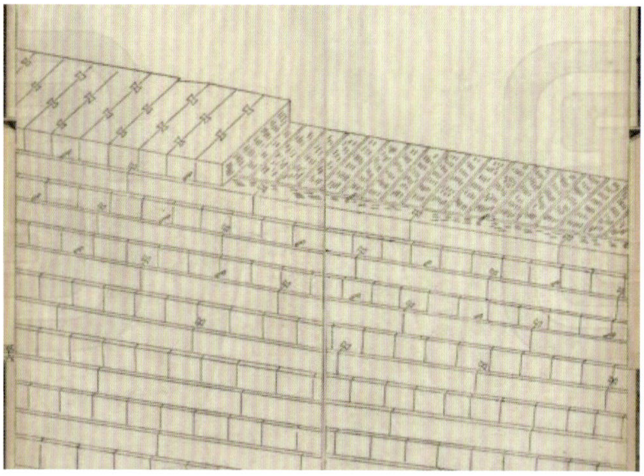

7

8

9

10

6 《敕修两浙海塘通志》对十八层鱼鳞大石塘形式和尺寸的记载

7 光绪七年（1881年）《海宁念汛大口门二限三限石塘图说》

8 迎水面详图

9、10 鱼鳞大石塘（左：迎水面，右：背水面）

护方面的综合性技术研究尚未见报道，相关系统性的研究成果也是空白。根据国家文物保护法相关要求，在不改变文物原状的前提下，坚持原材料、原形制、原工艺等原则，最大程度保留文物历史信息，采取合适的迁移方法和有效的科技保护措施，修复现存的病害，减少对柴塘文物的二次损害，实现精准搬迁复原，这是该项文物迁移保护工作的重点与难点。

（二）施工工艺及技术措施

1. 信息记录

为了确保迁移异地复原后尽可能保留文物原有信息，在整个搬迁过程中，由专门机构进行跟踪记录与资料整理，包括记录海塘本体原始数据、人员操作、设备运行、作业环境等，以便日后追溯。迁移前需要对海塘原形制、尺寸、外观、结构情况进行记录，记录方法包括对海塘主体进行倾斜摄影、无人机多角度航

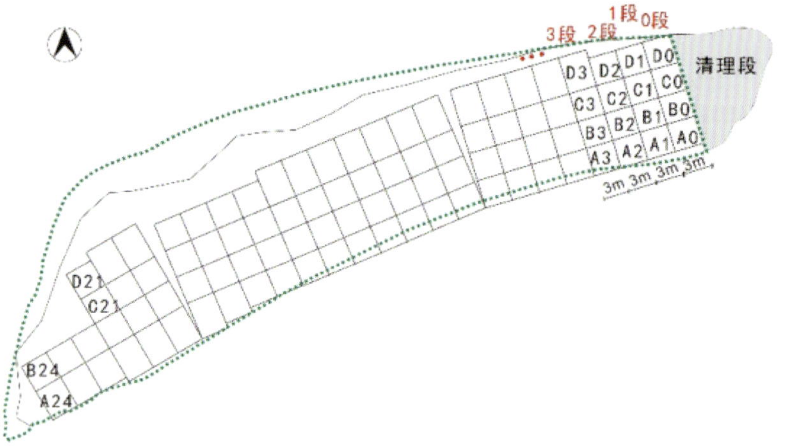

11

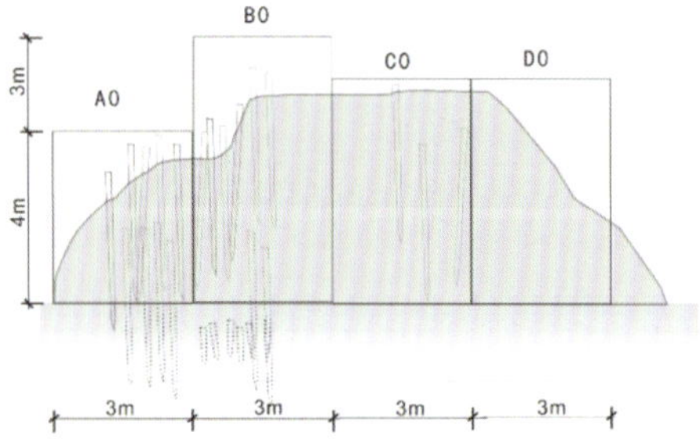

12

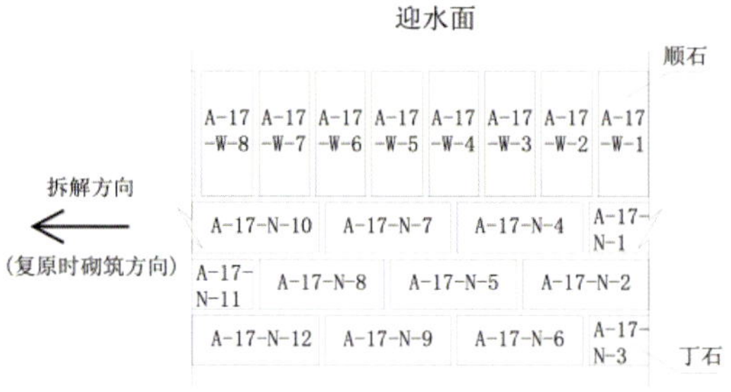

13

14

11 柴塘分段、分块编号平面图
12 柴塘 0 段分块编号剖面图
13 条石编码平面示意图
14 条石编号牌

拍、延时摄影、材料工艺检测、三维扫描和数码相机近距离拍摄等。

2. 分段分块编号编码

柴塘整体呈东西走向，最东侧局部坍塌为清理段。按照迁移方案，将垂直于柴塘方向的塘体按宽度 3 m 自东向西分别依次标注，一共 25 段；由南至北按宽度 3 m 对 0 段依次标注为 A0 块、B0 块、C0 块、D0 块，其他分段以此类推。在进行大面积作业前，利用 0 段东侧清理段作为试验段以验证迁移方案的可行性，探明柴塘内部构造、获取土体容重等信息，为起重设备选型、切割工艺参数的确定提供依据。

石塘每个拆解的条石均有单独的编

15 液氮切割设备
16 钢套箱组成

码牌，编码牌上的编码包含条石所处的分段数、层数、位置和拆除顺序信息，由 4 位字符依次组合而成。编码牌无棱角、防雨、防折，通过柔性扁绳捆绑在条石中间位置。

3. 搬迁工艺

根据柴塘修筑工艺，土、柴、木桩、灰浆等多种材料结合在一起，分开拆解则难以复原。经多种方案比选及专家论证，选择分块尺寸大、工程难度低、对文物本体破坏更小的方式，将柴塘分割为可以吊装和运输的分块。

柴塘切割采用可移动多角度液氮冷冻切割设备，利用切割设备对柴塘分块的各个剖面进行切割，包括横切和竖切。切割同步启动刀片顶部液氮装置，冷冻切缝两侧土体。将钢板分别插入各个切割面并焊接成整体，然后平移至可吊装的钢结构装载底座上，装载底座与四周钢板形成钢套箱整体，钢套箱各个侧面进行型钢背楞加固。

因分块包装箱高度超过必经运输道路的限高 5m，必须将包装箱进行翻转，方可进行运输。

运输至指定位置后，同样利用该设备进行逆向翻转。两次翻转过程中均需用起重机始终吊住包装箱进行保护。翻转过程中反复检查包装箱翻转有无偏移，保证翻转后的包装箱与平台完全贴合。

石塘拆解按照从上往下、从段到面的顺序进行。使用石材专用拆解工具——小型簪子松动黏结的灰浆，待灰浆层与石块脱离后使用撬杠小心撬动石条以便可绑扎标志牌和吊带。撬杠与石块接触区域使用软皮圈包裹撬杠，避免

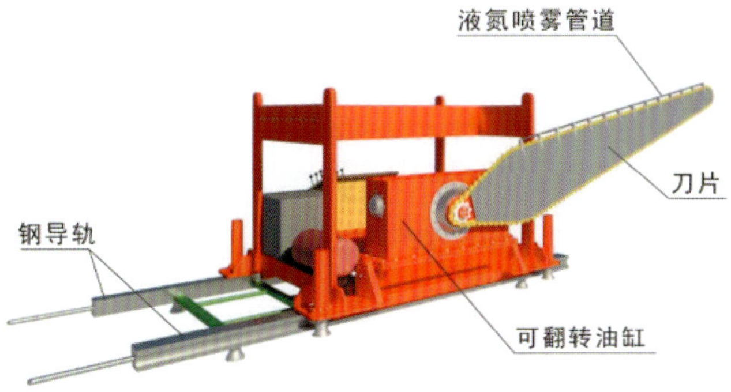

15

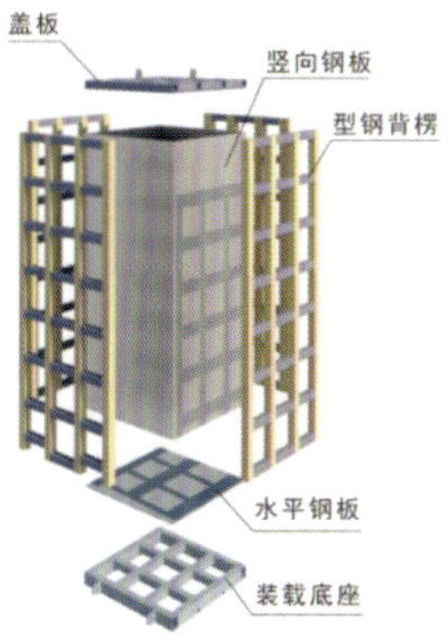

16

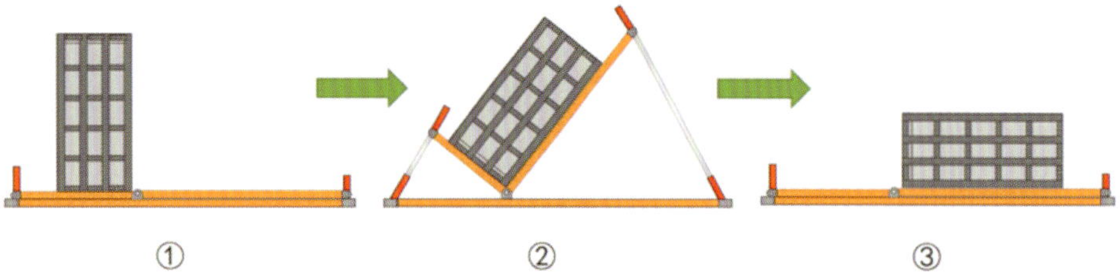

17

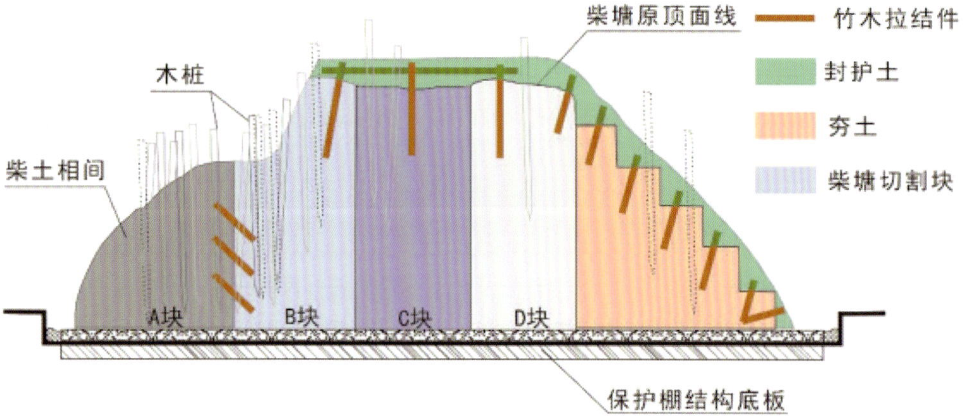

18

铁质物件直接触碰石条引起石条损伤。利用石材专用吊具进行吊运，运输装车时在四周采用海绵条及方木进行包裹。嵌联件拆解使用小型錾子对嵌联件周边灰浆小心松动，取出嵌联件，捆扎编号牌。

4. 复原工艺

柴塘分块按照块体的编码信息，将钢套箱吊装至新址保护棚的指定位置。单个块体就位后，依次解除钢套箱顶部盖板、侧面型钢背楞、底部水平钢板与竖向钢板之间的焊点。所有块体拼接完成后，对柴塘断面位置建立临时支护，采用起重机依次抽出块体间缝处的竖向钢板，保留块体底部水平钢板及装载底座。

在柴塘块体复原拼合的过程中，在每列柴塘块体之间的纵向缝内，自基座向上提前预埋 PVC 管，方便后期干燥、除菌，以及作为空气、药剂的泵送管道。

待各拼合块体基本稳定，不再发生

17 翻转示意图
18 柴塘块体拼接复原做法示意图

倾斜、沉降后，在柴塘顶部置入拉结各块体的竹木结构件，将数个相邻块体连接成一组，形成整体连接，避免柴塘在后期保存中因材料变形、结构不均匀沉降产生分离、开裂。

待块体土体干燥稳定、含水率达到一定标准后，在柴塘块体间纵向缝隙间填入级配砂石，分层夯筑，在级配砂石中加入小于 5% 的硅溶胶，以加快填充土固化、减少土壤收缩。

土体表层封护采用硅溶胶与遗址坍塌土体调制成改性土，逐层夯筑。顶层封护土需覆盖拉结连接件,并与迎水坡、两端断面衔接自然；背水坡封护厚度、坡度根据土体力学特征置入斜硬木楔，封护后达到外观整体协调、颜色与原土体接近。

石塘复砌前，有针对性地开展风化断裂石材修复、嵌联件修复、糯米灰浆制备调试等工作。复砌时根据三维扫描获取的高精度模型数据，对铺设石条点位进行定位。按照点位由一侧往另一侧，逐层往上铺设石条。对于已缺失的嵌联件，按原工艺、原形制补配。砌筑施工完毕后，应进行自然养护，保持适宜的温度和湿度，使灰浆固化作用充分彻底，防止收缩裂缝，保证灰浆达到应有的强度和耐久性，对堆砌完成面的灰浆进行做旧处理，使整体显得和谐。重新砌筑完成后，再次对整个石塘进行三维扫描，将重建后形成的三维点云与原始点云进行比对，根据对比结果进行微调。

三、文化传承经验

海塘搬迁复原技术对海塘文物的损害小、保护效果好、还原程度高，最大程度保持了文物原有的风貌和特征，真实完整地保存文物的历史原貌和建筑特色，达到了预期的效果，有效解决了大体量海塘文物迁移保护难度大、复原精度不高等问题。本技术工艺先进，机械化、信息化程度高，在古海塘文物保护、修缮以及现代海塘相关民生工程方面具有广阔的应用前景。这为浙江实施 “内河水运复兴计划”、发展“海洋经济”、打造运河旅游文化长廊起到了积极的推动作用，有利于我国海塘文化的传承与发扬，对促进大运河世界文化遗产保护和海塘文化公园等民生工程的建设也具有较高的参考借鉴价值。

中山大道“武胜路至一元路”综合改造

Zhongshan Avenue "Wusheng Road-Yiyuan Road" Comprehensive Renovation

设计单位： 武汉市政工程设计研究院有限责任公司

施工单位： 中建三局基础设施建设投资有限公司

竣工时间： 2016 年 12 月 28 日

项目所在区域： 湖北省武汉市

1

一、项目背景

武汉中山大道西起武胜路，东至一元路，全长约 4.7 km，道路红线宽 15~60 m。道路沿线与武胜路、利济北路、友谊路、民生路、南京路、大智路等近 30 条城市道路相交；并与正在实施的轨道交通 6 号线共线 3.3 km，沿线共设有武胜路站、汉正街站、六渡桥站及江汉路站 4 座站点。工程于 2016 年 1 月开工建设，至 2016 年 12 月 28 日完工开街。主要建设内容有地下管网及道路改造、景观亮化工程、立面整治、交通工程提升等。

中山大道始建于 1906 年，至今已有 100 多年历史。江汉路以南中山大道原名为“后城马路”，北伐战争后，为纪念孙中山先生，改名为“中山马路”，与原江汉路至一元路段中山大道街道名称并不相同，于 1949 年正式统一命名

1 中山大道改造后实景图

为“中山大道”，是一条最能体现武汉商业历史、商业灵魂、商业文化风情的商业景观大道。

1. 沉淀城市岁月，景观特色分明

中山大道（武胜路至一元路）呈现出明显的三段式景观特色。一元路至江汉路段展现历史文艺风貌，该段街道空间尺度宜人，历史建筑留存较多且状况较好，以租界建筑、里分建筑为代表；江汉路至前进一路段为中西混搭风貌，该段道路空间逐渐开阔，历史建筑与现代建筑交替布局，呈现一街两面、中西混搭的特点；前进一路至武胜路段展现现代商业风貌，该段街道空间尺度开敞空旷，建筑多为近年来新建的现代风格

2

2 项目地理位置

3 改造区域分布

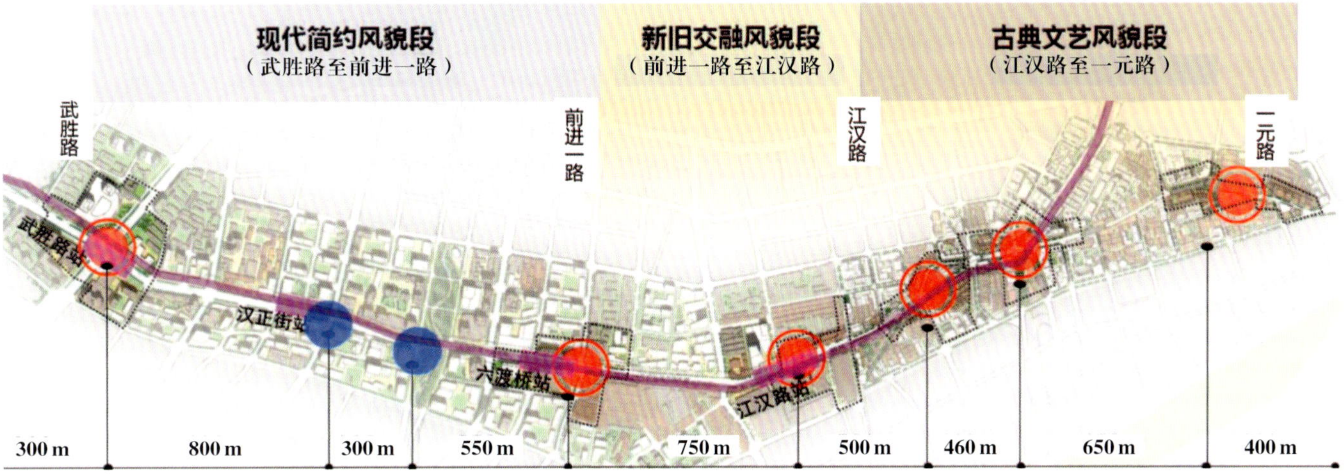

3

建筑，建筑品质欠佳，街道景观需要进一步重塑提升。

2. 洋行里分云集、体验万国风情

中山大道沿线历史文化资源丰富，共有各级文保单位、优秀历史建筑 151 处。云集了汉口商业银行、汉口盐业银行旧址、三德里等众多租界建筑和里分建筑，展现出古典主义、折中主义、俄式建筑、西班牙式建筑等不同时期的多种建筑风格，具有深厚的历史文化底蕴。

3. 商业高度聚集，尽显武汉繁荣

中山大道沿线全线为商业区域，是武汉部分商业老字号的起源地，目前聚集了百货、文化娱乐、零售等多种商业业态，商业氛围浓厚。东段是以画廊、婚庆、摄影、特色餐饮为主的休闲商业；中段聚集了亨达利、精益、叶开泰等百年老店及百货商场；西段则为库玛、赛博数码、凯德广场等年轻时尚品牌的汇聚地。

为建设环境友好型的幸福武汉，以“历史轮回、再现繁华、彰显底蕴、服务民生”为原则，以人为本、公交导向，通过环境重塑、文化回归、业态升级，将中山大道打造为“再现历史风貌，彰显武汉特色”的文化旅游大道。

二、施工技术理念及措施

（一）施工技术理念

针对该工程，其城市更新理念从业态、形象、文化、交通四个方面提出相应策略。在业态方面，目标是变低端为时尚，打造一条商业潮流、品牌汇聚的购物天堂；在形象方面，目标是将灰色变为绿色，打造一条绿树成荫、风景如画的绿色商道；在文化方面，目标是变沉寂为活力，汇聚一幅品鉴百年时光的人文旅游风景；在交通方面，目标是变交通性干道为生活性街道，建设一条宜游宜行、安全舒适的游购漫道。

结合现状街道空间特色，打造三段式景观特色。

一元路至江汉路为古典文艺风貌段，建筑风格以新古典主义、折中主义和汉派里分民居风格为主导；建筑材质按不同类别，公建以石材和清水混凝土为主，民居以红色清水砖墙为主。

江汉路至前进一路为新旧交融风貌段，建筑风格为新古典主义融合现代风格，历史建筑材质为石材和清水混凝土；新建建筑为现代风格，融合新古典主义元素，材质使用石材、砖、玻璃和钢构架。

前进一路至武胜路为现代简约风貌段，建筑风格以现代简约风格为主，建筑材质采取低反射的透光玻璃幕墙，建筑色彩以蓝灰等冷色调为主，形成大气靓丽的现代都市街景。

（二）施工工艺及技术措施

1. 道路管线改造，拓展步行空间

通过对沿街现状架空线进行入地改造、整合交通断面规划，扩大步行空间。中山大道沿线的电力、通信等架空线路将进行“入地”迁移，届时，街区不再满布“蛛网”；对部分街区在保证公交车通行的前提下，压缩机动车道，扩宽人行道，将中山大道建设成“公交主导、慢行优先、环境宜人”的示范性“公交街道”。

2. 清水“洗澡”，洗出老建筑原色

很多老建筑曾用奶黄色涂料或真石漆粉刷过外立面，原貌因此被掩盖。以汉口国民政府外交部旧址为例，考虑到去掉建筑外立面的真石漆可能会对建筑造成破坏，为了避免化学品对建筑的腐

4 前进二路改造前
5 前进二路改造后
6 汉口国民政府外交部旧址改造前
7 汉口国民政府外交部旧址改造后

4

5

6

7

蚀，造成二次损害，这次修复，统一使用先清洗再修整的方式。施工人员使用高压水枪对建筑物表面进行清洗。在清水冲刷下，真石漆逐一脱落，建筑原有的水刷石饰面自然显露。由于那层真石漆覆盖得并不均匀，立面局部已经鼓起或脱落，在水的高压冲击下，自行脱落，汉口国民政府外交部旧址恢复至昔日的饰面，色泽庄重美观，达到了“修旧如旧”的效果。

3. 重现临街小院，恢复建筑结构原貌

在岳飞街 28~34 号，有一栋红灰相间的两层小洋楼。与普通临街建筑不同，该楼一层门面并非紧临街边，而是向后退出 1 m，留出一处小院子。岳飞街 28~34 号紧临汉口英商和利冰厂旧址，据推测，可能是和利冰厂高层管理人员的住宅区。后来，建筑功能发生变化，院子被当作临街门面，当初的痕迹被淹没了。此次修复，对岳飞街 28~34 号的结构进行了复原，使精致的小院子得以重现。

4. 比对旧照，还原设计细节之美

中山大道 891~903 号的历史用途已不可考，推测曾是一栋高管住宅楼。修复之后，其墙面由灰砖和红砖拼接而成，建构分明、层层递进，一楼和二楼的衔接处，红砖呈现曲面设计。特别是外墙上的一组呈“一”字形排开的装饰物，由近乎相同的圆柱形红砖组成。走近观察，可以从每块砖形状的略微差异中，看出当时修建者的手法，但远看又整齐、统一，令人赞叹他们技术的高超。本次修复，尽力还原当年建筑设计者的巧思，一片瓦、一块砖也不随便更改，修复后的老建筑呈现出许多细节之美。

5. 打造景观节点，激发城市新功能

延续节点内汉润里、保元里等传统里分肌理及建筑元素，对中山大道沿街一线建筑进行立面整治与改造。在建筑立面材料及色彩上以砖红、暖灰等色调为主，注重整体历史环境氛围的营造及建筑之间的协调。结合林荫道的设置增加店前绿化，增设阳伞、座椅等露天休闲设施。统一并规整一层店招设计，对橱窗、门楹、檐口等细部进行精细化设计，注重文化品味、商业功能与建筑本体的和谐。

（1）汉口水塔。拆除水塔主体南侧一层裙房，展现水塔全貌。对保留裙房建筑进行改造，立面采用与水塔主体统一的红砖，恢复拱形门窗，增加大面积玻璃材质创造通透感。统一店招的位置与色彩。建设展现汉口近代历史变迁的老汉口万花筒。

（2）汉口总商会。对总商会沿街建筑进行改造，建筑立面涂装采用与总商会主体相统一的暖灰色系，规整一层店招设计，结合露天市场，增加沿街绿化，增设阳伞、座椅等露天休闲设施。打造具有文化内涵的时尚休闲商业氛围。

（3）江汉路。设计范围为中山大道与江汉路步行街交叉口处。规划拆除江汉路路口人行天桥，结合地铁出入口设置地下人行过街系统，江汉路步行街与中山大道交叉口设置过街人行横道。路口道路局部拓宽，形成双向4车道，道路中央设置3m宽绿化隔离带，有利于合理组织交叉口处的车流与人流。清洗与美化交叉口周边亨得利等历史建筑外立面，还原建筑立面材料。对道路铺地、沿街绿化进行整改和细化，着重提升江汉路步行街入口处的景观环境，结合地铁站点形成地上、地下环境一体化设计。

（4）梧桐林。节点范围为中山大道北侧（汉口水塔到江汉路）步行空间。考虑到中山大道北侧的迎光面更适宜步行和驻足观赏，规划将车行道尽量南移，靠近佳丽广场和大洋百货。在道路北侧留出宽阔的步行空间，种植三排武汉常年生长的梧桐树，并在树林中设置休闲伞座等设施。

（5）水塔公园。充分利用现状闲置的百营广场地块，结合水体设置绿化环境，种植多样化景观树种，形成中心水景公园。拆除中山大道沿街现状商铺，新建2~3层的品牌专卖店，并保证沿街有大面积开敞空间。公园地下复合建设社会公共停车场，服务于水塔节点周边区域。通过对地块的整治开发，打造集休闲、娱乐、游逛于一体的街区绿色中心，以缓解该路段过于密集的商业空间。

（6）露天市场。节点范围为中山大道北侧（前进四路至前进五路）道路空间。汉口水塔是中山大道沿线的地标性建筑，应成为中山大道的视觉焦点。以汉口水塔为对景视线焦点，利用汉口总商会和大洋百货间宽阔的道路空间规划露天市场，并将可临时关闭的慢行道穿插其中，既解决临时泊车需求，又提供了绿树掩映的多功能城市开敞空间。

三、文化传承经验

（一）“汉味”公交

为契合中山大道“百年老街”这一定位，公交1路特意采用武汉话语音报站，用武汉话报站名，介绍沿街景点，充满了老武汉的市井烟火气，“汉味”浓郁。“汉味”语音报站均由知名主持人播报。408 内外环线路配有普通话、英文报站，并加入中山大道特色站点的中、英文介绍，将每一处站点的“前世今生”娓娓道来。

（二）暖黄灯影映百年繁华

江岸段亮化关键词是“历史文化”，打造慢生活人文区。这一区域的历史保护建筑相对集中，建筑功能以居住、文化、商业为主，因此光色主打古典浪漫文艺风貌，采用煤气灯与白炽灯的低色温暖色光呈现历史氛围。而江汉段亮化关键词是“精致”，购物天堂的商业特色更加突出。因此，亮化主色调以琥珀色光为主，局部点缀少量彩光，营造新旧交融的商业氛围。在硚口段则是“时尚现代”，由于高层商业现代建筑密集，因此，以简约的白色光展现现代国际商贸特色。此外，江汉和江岸段以静态光效为主，营造时光回溯的历史氛围；而硚口现代风貌区段则以部分动态光效营造亚太时尚潮流风貌。

8

9

8 中山大道线路简图
9 中山大道业态分区图
10 民众乐园改造前街道实景
11 民众乐园改造前建筑实景
12 民众乐园改造后街道实景
13 民众乐园改造后建筑实景

10

11

12

13

（三）复古风路灯

中山大道上使用的路灯首次在武汉亮相，为了与中山大道改造风格相得益彰，体现“整旧如旧”的风格，路灯杆外形采用庭院式设计，杆体由铝合金压铸成型，表面进行黑色磨砂喷塑处理。

（四）有“故事”的街头艺术雕塑

中山大道的艺术个性，可以从7组街头雕塑的意蕴中品味：镇街之宝《融》脱胎于莫比乌斯环，象征着城市的历史与发展生生不息；《百年商业》《人力车》《轨迹》和《通讯百年》

14

15

14 中山大道水塔旧照
15 中山大道水塔改造后实景图
16 中山大道水塔改造效果图
17 相关媒体报道

以无声的老物件勾起人们对老汉口的记忆；《城市眸光》《城市之灯》则以激光、喷泉等现代元素与未来对话。三德里街心小广场，《人力车》雕塑似乎在讲述着20世纪30年代老汉口的故事。

（五）修旧如旧的历史建筑

1901年建成的三德里，是武汉最早的里分，五六代人的都市乡愁在这里延续。整齐的平房，洁净的通道，家家户户门口养花，汉口闹市区犹如一个世

16

外桃源。而整修过的三德里，露出了红色的清水砖墙，建筑的结构被千方百计地保留下来，可以说是老汉口居民生态的标本。

（六）最沧桑的水塔

建于 1909 年的水塔，见证了武汉消防的历史变迁。水塔高达 41.3 m，是汉口最早的高层建筑，也是武汉人心目中不可磨灭的地标。在此次改造中，外墙上涂抹的厚厚的水泥砂浆被敲掉，露出了百年前的清水红砖；底部的花岗岩墙体也恢复了原貌，在蓝天的映衬下，沧桑中不失庄重，瞬间便能体味老汉口历史记忆的精髓。

（七）最经典的万国历史建筑

民国时期，武汉是中部地区唯一开放的口岸城市，与西方文化的撞击、融合，催生了一大批当时最顶尖的欧式建筑。此次，中山大道将 38 栋老建筑从模糊的面目中还原其风采，再现 19 世纪末到 20 世纪初的各种建筑风格：新古典主义风格建筑与 20 世纪初的芝加哥式风格建筑并存，折中主义建筑将西方的装饰艺术与中国的传统元素巧妙结合，灵动而富于亲和力；现代主义建筑洗尽铅华，凸显出工业时代的简洁与厚重，堪称一座最经典的百年建筑博物馆。

在关于中山大道开街报道中，以《长江日报》为首的武汉地方媒体刊发了大量以“怀旧”为主题的报道。《武汉晚报》则直接使用“城乡愁”来形容中山大道在武汉人心中的地位。“在武汉，没有一条街像中山大道这样，承载了几代人的记忆，开启了城市的未来。昨天，这条百年老街焕然新生，拨动了一城的心弦，更抚慰了一城的乡愁。”

银行卡刷卡手续费将大幅降低

中山大道改造施工昨日全线铺开

江城房价已连涨13个月

楚天都市报

报纸搜索

7 经济 2016.3.19 星期六

中山大道改造施工昨日全线铺开

全线供排水管同步升级 交通拥堵提请车主绕行

楚天都市报讯 楚天都市报讯（记者林永俊 通讯员王小乐 肖黄 胡世佳）武汉百年大道——中山大道今年底将迎来华丽转身。昨晚，中山大道南京路至一元路1.6公里开始半幅打围施工，也标志着中山大道改造工程施工全线铺开。

记者昨现场探访发现，此次打围路段跨天津路、兰陵路、黎黄陂路、黄兴路等多个路口。上述负责人建议，施工期间沿线共40多个道口交通压力极大，提请车主尽量绕行。

此外，中山大道“开膛破肚”的同时，还将全面升级年代久远、已老化的供水管和排水管，利于饮水安全和防止中山大道渍水。

中山大道改造工程西起武胜路，东至一元路，全长4.75公里，与地铁6号线共线3.3公里，设4座地铁站点，计划今年底完工通车。工程全部完

17

武汉外滩荟

Wuhan Bund Expo

设计单位： 武汉正华建筑设计有限公司

施工单位： 中建三局第一建设工程有限责任公司

竣工时间： 2023 年 9 月 30 日

项目所在区域： 湖北省武汉市

1

一、项目背景

武汉外滩荟位于汉口历史风貌区范围内，该历史风貌区现有市级以上文保单位 64 处，各类文博场馆 21 家，优秀历史建筑 128 处，列入武汉市优秀历史建筑保护目录 18 处，占全市文保项目的 90%。

汉口历史风貌区位于武汉市汉口老城核心区域，由沿江大道、江汉路、京汉大道、黄浦大街围合区域构成，整体面积为 6.02 km^2，拥有丰富的历史文化资源和独特的老汉口生活气息。近年来，武汉市持续推进汉口历史风貌区旧城改造城市更新项目，风貌区内一座座老建筑被修缮、改造，融入现代生活，焕发新的生命。

其中本项目中的文保建筑群位于武汉外滩荟 A 地块，处于江岸区青岛路片历史文化街区内。青岛路片历史文化街区北临中山大道，南至沿江大道，东抵天津路，西达南京路，面积为 17.75

1 武汉外滩荟效果图

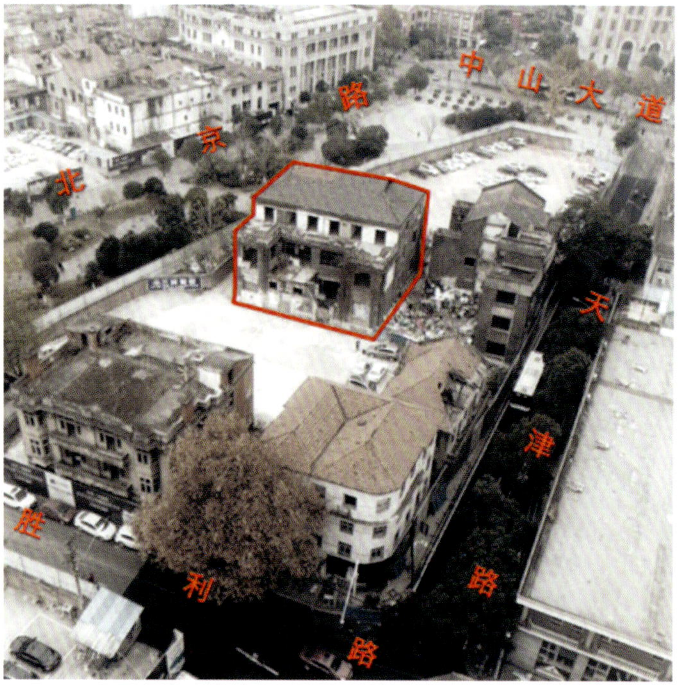

2

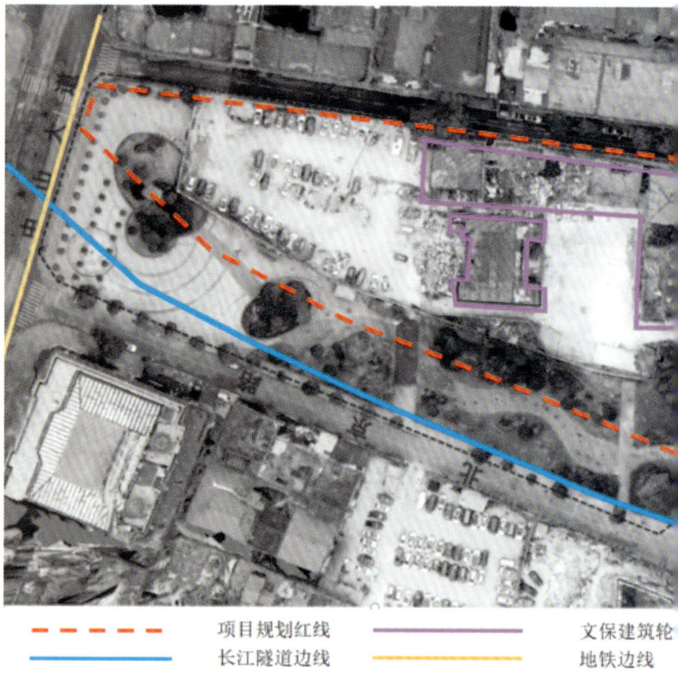

3

万 m^2，位于原英租界范围内，是汉口原租界风貌区中设立最早的租界。长期以来，由于片区内老旧小区较多，公共配套设施不完善，虽然能够维持正常运转，但是因为周边人口基数庞大，需求量过大，周边原有的基础配套远远不能满足基本需求，片区内经常出现车辆乱停乱放的现象。武汉外滩荟项目 A 地块项目场内东南角的汉口万字会旧址文保建筑群，包含 5 栋文保建筑。项目西侧紧临长江隧道，北侧紧临地铁 6 号线，所处位置周边的情况极为复杂。

在该地块中，建于 20 世纪 30 年代中期的贺衡夫怡庐作为重要的历史遗址，承载着武汉历史文化街区内的文化积淀与历史底蕴，是施工中的重点保护对象。该建筑是由武汉著名工商业人士贺衡夫与其五哥共同修建的。贺衡夫怡

2 建筑原状照片
3 影响因素边界线
4 文物近景照

4

庐又名“竹庄”，其命名是寓意着两代兄弟间的和睦。怡庐由两组三层楼的建筑组成，分别为贺衡夫怡庐主楼和贺衡夫五哥的自宅。抗日战争爆发后，贺衡夫曾将怡庐提供给红万字会使用，救济难民和灾民。2012 年武汉市第三次全国文物普查中，贺衡夫怡庐主楼及五哥自宅被公布为尚未核定公布为文物保护单位的不可移动文物，公布名称为“汉口万字会旧址”。

二、施工技术理念及措施

（一）施工技术理念

贺衡夫怡庐主楼承载着武汉历史文化街区内的文化积淀与历史底蕴，对这座建筑的保护既是对那段艰苦历史的见

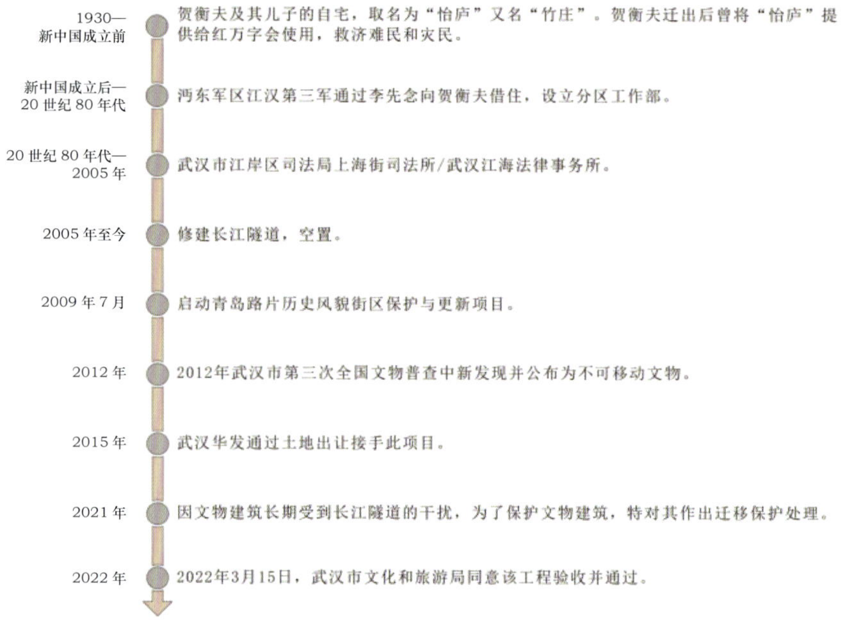

5

证，也是人们纪念艰难岁月中的工作场景，并从历史中汲取教训的重要场所。

以贺衡夫怡庐主楼文保建筑保护为依托，提出文保建筑与新建地下空间融合和谐共生理念，将文保建筑保护与空间开发同步设计，通过文保建筑平移与地下空间局部逆作施工技术相结合，以低成本、低扰动、短工期的方式来实现文保建筑保护与地下空间开发，恢复历史风貌并实现功能活化。通过文保建筑平移与地下空间开发结合的方式对文保建筑给予保护。

（二）施工工艺及技术措施

该项目建造及文物保护实施中存在如下难题。

（1）文保建筑位于隧道影响线内，长期经受隧道震动影响，需使文保建筑摆脱隧道影响。

文保建筑较为老旧，隧道施工开始后，内部无人居住，无人打理，加之常年受到隧道的影响，此文保建筑处于濒临损毁的状态。如何在低成本、高安全性的情况下采取措施，使得老旧的文保

6

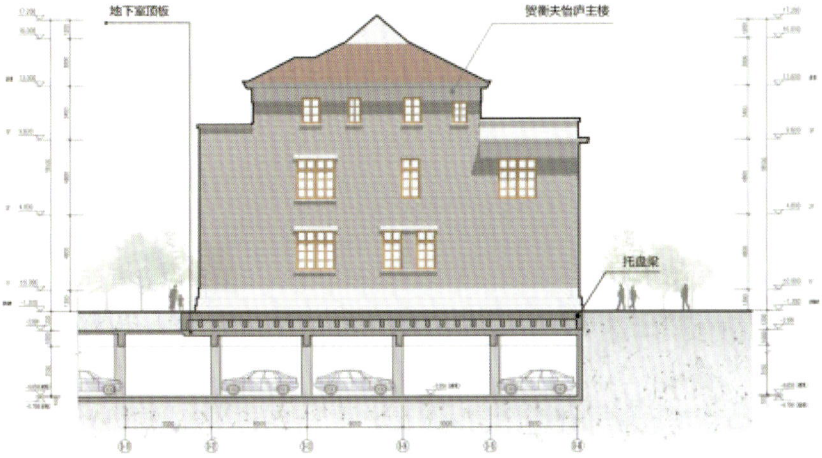

7

建筑不再受长江隧道的影响，能够更好地保存下来，这是一个巨大挑战。

（2）文保建筑位于地下室结构顶板上，需在不破坏文保建筑的前提下对地下室结构进行施工。

文保建筑位于项目 A 地块地下室范围内，文保建筑所处位置势必会与地下室结构正常施工相冲突，且文保建筑位于地下室顶板上，也需对整体结构进行优化设计，安全、高效对文保建筑下地下室结构进行施工是极大的挑战。

针对上述难点，在施工中采取了如下施工工艺和技术措施。

1. 文保建筑新址位置选择

该文保建筑位于长江隧道影响范围内，为保护文保建筑，则必须解决长江隧道对其影响，最根本的解决方式则是将文保建筑移动至隧道影响范围之外。现如今建筑平移技术已经较为成熟，通过对文保建筑的结构、基础形式与周边环境情况综合分析，可将文保建筑向东南方向平移约 21.8 m，使文保建筑远离隧道影响线，且与周边文保建筑距离更近，形成一个文保建筑群，更具有历史文化氛围。

2. 文保建筑平移路径与新建地下室结构施工方式

文保建筑原址及新址均位于武汉外滩荟项目 A 地块新建地下室结构设计

5 贺衡夫怡庐编年史
6 文物正面影像
7 设计剖面示意图

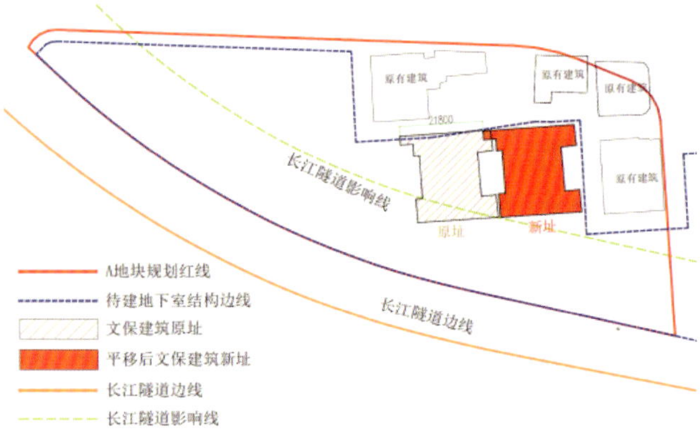

8

范围内，仅将文保建筑平移至新址仍会占据新建结构的施工作业面，无法满足新建地下结构施工需求，故考虑采用往复平移的方式给新建结构提供作业面，并最终完成文保建筑迁移至新址工程。

文保建筑往复平移的方式即先将文保建筑先行平移至临时地址，给新建地下室结构及基坑支护施工提供工作面，待新建地下室结构全部施工完成或新址范围地下室结构施工完成后，再将文保

9

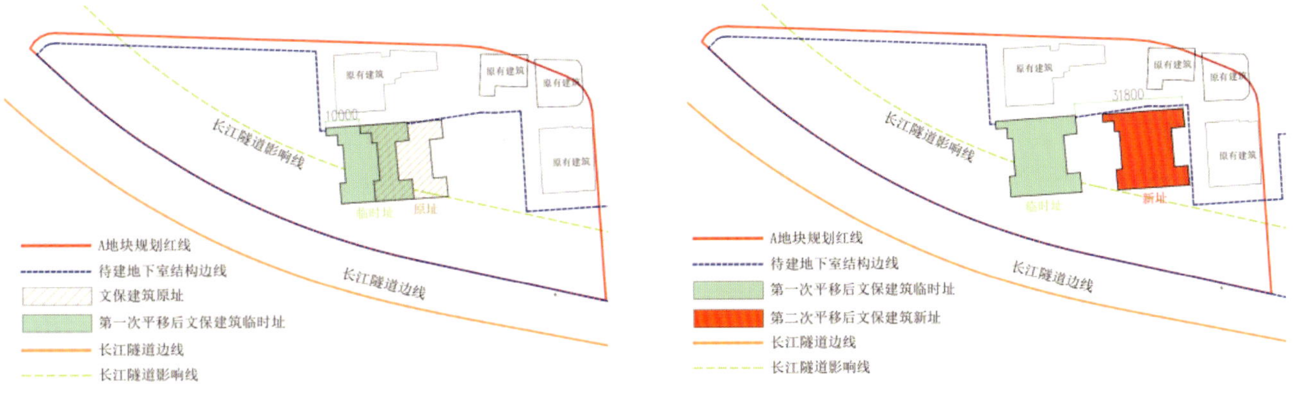

10

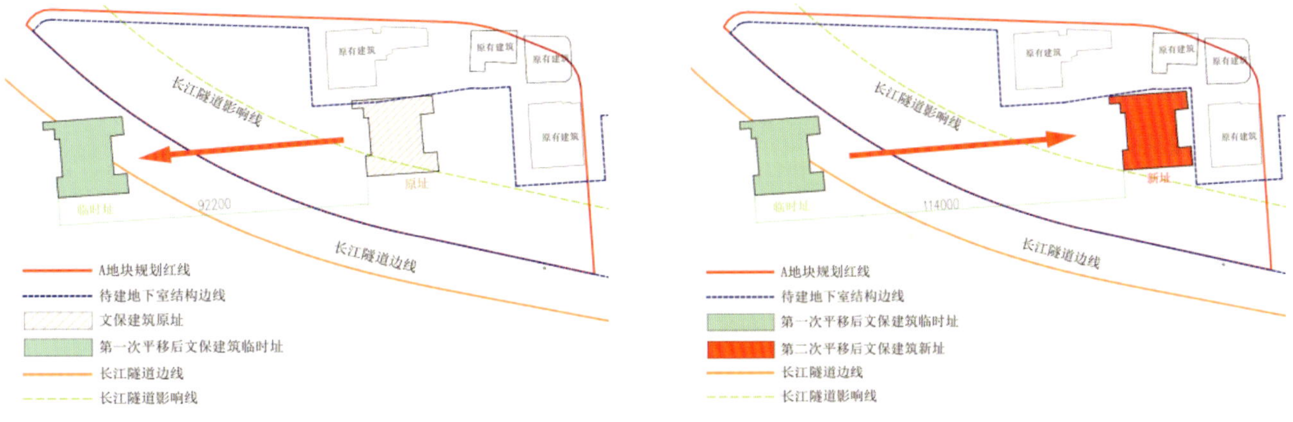

11

建筑由临时址平移至新址。

经研究，提出了两种文保建筑平移路径与新建地下室结构施工方案。

方案一：小距离平移 + 地下室结构局部逆作施工。

临时址位于原址北侧 10 m，仅避开新址地下室结构与基坑支护施工范围，新址采用逆作法先行施工顶板及下部竖向结构，施工完成后将文保建筑从临时址平移至新址顶板上。

方案二：远距离平移 + 地下室结构顺作施工。

临时址位于地下室结构及基坑支护施工范围外，采用正常顺作施工将整体

8 新旧址相对位置
9 俯瞰效果图
10 方案一示意图
11 方案二示意图

地下室全部施工完成后再将文保建筑平移至新址位置。

从技术难度、施工安全性、施工工期与经济性多角度对比分析，综合选择文保建筑保护与地下空间开发方案（表 1）。

开展文保建筑整体平移技术研究，主要针对文保建筑的易损性和不可破坏性进行深化研究，结合项目周边复杂环境情况，建立文保建筑整体托换平移体系、平移推进体系、临时加固体系和全栈式监测体系，实现在安全

表 1　文保建筑保护与地下空间开发方案对比

方案类别	方案一	方案二
技术难度	采用此路径平移距离更短，平移难度更低，采用逆作施工难度较传统施工难度更高	采用此路径平移总距离为方案一的 5 倍，平移难度更高。地下室结构施工难度更低
安全性	平移距离更短，对文保建筑影响更小，往回平移时顶板底部仍为土体塞实状态，安全性更优	平移距离更大，对文保建筑影响更大，且临时址部分位于隧道上部，对隧道及文保建筑影响均更大，且平移时地下室结构为空腔，顶板加固范围更大，安全性不佳
经济性	平移成本：较低	平移成本：较高
	逆作施工额外成本：较高	额外顶板加固成本：较低
	合计：较低	合计：较高
施工工期	平移时间更短，周边地下室结构桩基及支护可平行施工，地下室加文保建筑平移施工总计约需 200 天	平移施工时间更长，待第一次平移完成后方可进行结构施工，地下室加文保建筑平移施工总计约需 350 天
结论	在安全性、经济型、施工时间上方案一均原优于方案二，技术难度上两个方案互有优劣，综上考虑方案一更适用于此项目文保建筑平移施工	

12

情况下多支点千斤顶同步微加速平衡文保建筑移动。

（1）基础托换体系。托盘梁作为古建筑的托换支撑梁，采用整体平面夹墙梁设计。通过在文保建筑墙体底部两侧紧贴设计托盘梁（夹墙梁），将夹墙梁与墙体建立联系。下滑道梁作为托换承载的基础，同时也是移动方向的滑道，采用双梁形式与托盘梁相对应。在托盘梁与下滑道梁之间设置移动滑脚。在墙体截断后，利用托盘梁将古建筑整体托承，通过移动滑脚作为受力支撑，将荷载整体传递到作为基础的下滑道梁。

（2）平移推进体系。由于文保建筑平移距离较长，综合考虑地质情况及实施可行性，设计采用固定或活动反力后背结合的方法，利用平移千斤顶微加速度顶推建筑整体移动。在平移前期采用浇筑的混凝土固定反力后背，整体平移 8 m 后，在建筑物后方安装 200 t 反力钢牛腿（活动反力后背），通过化学锚栓固定于滑道梁上，固定牛腿处下滑道梁进行结构加强。反力钢牛腿共倒换两次，最终将建筑物平移到位。

12 项目完工效果图

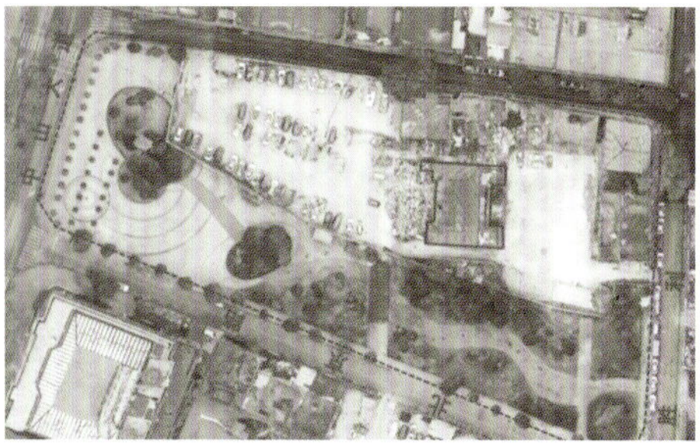

13

14

15

16

13 场地原状俯瞰图
14 地下结构施工情况
15 平移后场地情况图
16 贺衡夫怡庐现状图

（3）临时加固体系。根据文物状况及评估，设计文保建筑的加固方式为内部搭设满堂脚手架，于建筑四周搭设双排脚手架来支撑保护。房屋托换结构施工完毕后，将脚手架底部固定在托换结构和一层的梁体结构上，随房屋一起平移，由于建筑物存在二层及三层楼板，每层满堂脚手架搭设时应上下立杆位置对应，并保证立杆顶端紧贴楼板底部，将竖向荷载从上往下传递至托盘梁上。

（4）全栈式监测体系。采用微加速度协同液压平移数控与全栈自动化监测技术，在对文保建筑及周边环境进行实时监测的条件下，采用 PLC 系统对液压千斤顶系统进行连接，同步反馈及控制各千斤顶推进速度，实现微加速度平移顶推。平移时根据位移传感器反馈的实时位移数据，及时调整顶推力的大小，调节位移方向。

3. 文保建筑保护与地下空间同步设计

在保护文保建筑方面，严格遵守“保障文物本体安全”的原则，尽可能避免建设项目对文物建筑造成损害，尽可能减少对周边环境的影响。工程采用了整体式托滑平移，将建筑全面加固后，整体平移到隧道影响线之外，可以更好地保护历史建筑本体免受长江隧道的影响。同时，贺衡夫怡庐主楼整体平移后，可与周边文保建筑更好地形成文保建筑群。

在地下空间开发与功能活化方面，将文保建筑平移保护与地下空间的开发相协调，采用逆作法将文保建筑托换支撑保护、地下空间开发支撑、地下空间结构同步设计，实现利用逆作地下室结构竖向支撑与顶板对文保建筑整体托换与保护，最大限度地降低地下空间开发对文保建筑的影响，实现历史建筑的风貌展示和功能活化再利用，保证文保建筑的长久安全。

在文保建设保护与新建空间风貌设计中，从土地利用、环境保护等方面充分考虑了对周边环境的影响，尽可能延续历史文化街区风貌协调。控制拟建住宅建筑的高度，从建筑造型、色彩、风格上与文物建筑相协调，拟建建筑与文物建筑具有相容性、协调性，对文物建筑风貌影响较小。文物建筑周边后期建设以绿化种植、铺装隔离为主，优化了文物建筑周边环境。

采用了文物建筑的三段式布局设计，造型上借鉴文物建筑的中西融合风格，立面采用与文物建筑接近的色彩，对文物建筑的整体风貌影响程度较低，同时控制文物的建筑高度，以减小对文物建筑产生的不良影响。

三、文化传承经验

文保建筑往复平移技术对风貌区历史文物的损害小、保护效果好、施工便捷，同时增加空间利用率，最大程度保持了文物原有的风貌和特征，真实完整地保存文物的历史原貌和建筑特色，达到了预期的效果，有效解决了文保建筑地下空间利用难的问题。本技术工艺先进，机械化、信息化程度高，在汉口历史风貌区文物保护、修缮以及现代地下空间利用方面具有广阔的应用前景。该实践论证了文保建筑下方新建结构的可行性，开拓了文保建筑下部新建结构的全新施工方向，为其他城市开发建设与文保建筑保护和谐共生提供了参考及借鉴。

八路军驻新疆办事处纪念馆新馆

New Memorial Hall of the Eighth Route Army's Office in Xinjiang

设计单位：中国中建设计研究院有限公司

施工单位：中建三局集团西北有限公司

竣工时间：2021 年 5 月 26 日

项目所在区域：新疆维吾尔自治区乌鲁木齐市

1

1 八路军驻新疆办事处纪念馆新馆正视图

一、项目背景

八路军驻新疆办事处，是抗战时期中国共产党领导新疆民众抗日救国的办事机构所在地。它再现的是1937—1942年以陈云、邓发、陈潭秋、毛泽民、林基路等为代表的中国共产党人在新疆进行抗日救亡运动和不屈不挠狱中斗争的历史全貌，是无数先烈用生命和鲜血凝成的历史见证。八路军驻新疆办事处纪念馆是全国现存的11个“八路军办事处旧址纪念馆”中保存最完整、最具代表性的纪念馆。作为记载中国共产党在新疆光辉历史的不朽丰碑，八路军驻新疆办事处纪念馆先后被列为全国青少年教育基地、自治区级文物保护单位、自治区级爱国主义教育基地。由于原址体量已无法满足参观需求，2021年，由中建方程投资建设、中建设计研究院设计、中建三局承建的八路军驻新

2

3

疆办事处纪念馆新馆应运而生。八路军驻新疆办事处纪念馆红色旅游景区规划建设项目是“全国百家红色旅游经典景区（点）重点建设规划”之一，项目建筑面积 503.6 m^2，占地 1 100 m^2，总布局分为红色起点、星火西进、共赴国难、巩固后方、忠贞不屈、薪火相传等部分，整个展览面积为 1 280 m^2，展线长度 170 m。

八路军驻新疆办事处纪念馆新馆是一座，集教育、展示、保护、研究、休闲于一体的大型专题性纪念馆。其采用对话式设计，在历史建筑与新建筑之间形成对话的关系，并通过入口广场空间进行视觉和活动上的联系。该项目是乌鲁木齐市地区历史文化及自然环境的物质及非物质遗产的保护、研究和展示中心之一，是进行爱国主义教育及革命传统教育的重要场所，是乌鲁木齐市对外交流的名片，以及乌鲁木齐市标志性的公共文化设施。

二、施工技术理念及措施

（一）施工技术理念

1. 传承红色基因

该项目不仅对继承革命传统、弘扬革命精神有着深刻的意义，对于生长在改革开放后的青少年一代而言，“红色旅游”是一种特殊的课堂和生动的教材。项目丰富的屋面、五角星天窗以及

2 楼梯
3 鸟瞰图
4 夜景照明
5 一层序厅

屋顶绿化景观作为周围高层建筑的视觉焦点，构成建筑的第五立面，丰富了城市群三维立体空间的美学效果。

八路军办事处新馆保留了原场馆室外场区，通过“胜利之路”的景观表达方式将纪念馆旧址与新址联结为一个整体。通过对“胜利之路”景观道路的设计，巧妙处理了新旧两馆之间的高差。

保留旧址纪念馆前的水蜡篱，营造庄重的纪念氛围。保留原旧址中心陈云

4

5

6

7

6 设计浏览路线图
7 项目效果图
8 展览 1
9 展览 2

同志的雕塑，以旧址中的陈云同志雕塑作为“胜利之路”的起点，呈现出八路军办事处纪念馆代表红色历史从起点走向胜利的艰辛历程。

2. 设计原则及规划特点

八路军办事处新馆在设计过程中，遵循了以下五项原则。一是高度尊重历史。最大限度地尊重历史，尊重文物建筑，保持对革命历史建筑及其环境的敬畏感。新建筑不能对现状历史建筑造成压迫，更不能形体张扬，喧宾夺主。二是强化精神象征。建筑要以一种直接的方式让老百姓容易读懂其意义表达，同时需具有强烈的象征性和深厚的精神内涵。三是唤起红色记忆。建筑及其环境应成为保存红色记忆和进行爱国主义教育的纪念场所，其形体应简洁、庄重、朴素，具有包容性和力量感。四是搭建人民舞台。纪念性公共文化建筑应该成为城市居民的天然舞台，并为展示、表演和观看提供空间，成为未来重要纪念性活动的举办场地。五是营造都市绿洲。为城市人民提供一个开放和绿色的安全岛，传达出“美好生活”的意象，使之成为城市居民重要的休闲空间和防灾避难场所，并起到搜集雨水、促进通风、提供日照、提升城市环境品质和调节城市微气候的生态价值。

同时，新馆在规划中主要具有下述特点：一是新建筑退让，体现尊重和谦虚的姿态。新的建筑应该从体量和风格上尊重老建筑，呈现出一种谦虚的姿态，而不应该喧宾夺主。于是通过新建筑的退让，并向南侧形成台阶式缓坡，大大减弱了新建筑对老建筑在体量和空间上的压迫感，

8

9

为城市贡献了一处独特的纪念性开放空间。二是构建建筑的第五立面。通过构建丰富的屋顶采光塔、五角星天窗以及台阶式绿化景观使之成为周围高层建筑的视觉焦点与建筑的第五立面，丰富了城市群三维立体空间的美学效果。

（二）施工工艺及技术措施

1. 恒温恒湿展柜施工技术

展柜具有良好的密封性，阻止外界有害气体侵入，具有防磁、防尘、防有害气体侵入的作用。展柜照明采用冷光源，避免传统光源产生的热量和紫外线对文物造成损害。展柜玻璃选用无色水白玻璃，可以避免玻璃颜色导致展品失真的情况。采用钢龙骨作为展柜基座的主框架，外做防火处理，涂刷防火涂料。应用细木工板作为底层封板，形成展柜基本的框架。展柜外配置玻璃罩。展柜的照明装置具有对展陈物品保护的功能，可以阻断紫外线和照明热。根据展览文物的大小现场制作展柜，可以减少运输过程中带来的损伤，避免影响文物展览的效果。

2. 异型多边采光顶

本工程采光顶为异型结构，设计人员根据效果图进行深化设计，最终采用钢结构 + 玻璃幕墙的形式。围护结构采用双层中空夹胶 LOW-E 玻璃。五角星采用红色夹胶玻璃，玻璃幕墙造型为上凸下凸，凸出部分为采用红色夹胶玻璃的五角星部分。该采光顶同时作为内嵌式屋面，为便于排水，设计人员优化原设计，通过调整坡度实现采光顶不

11

12

11 展览 3

12 陈列柜

14 采光顶异形结构

积水。异形钢结构先通过软件建模，处理各个钢构件的尺寸，从而进行现场精准下料。夹胶玻璃根据钢结构模型以及现场实际成果进行尺寸复核、下料，保证每块异形玻璃的完美契合。玻璃之间的拼缝采用金属压条进行收口，最后使用耐候结构胶进行封闭处理，最低处增加电伴热，保证冬天排水沟处不积雪，保证排水畅通。采光顶外侧墙体使用钢板包围并进行锈蚀工艺处理，保证五星顶外观的庄重感。

3. 阶梯式屋面

阶梯式屋面施工为本项目重点关注的环节。本项目涉及大型上人屋面，其特点是由多级台阶组成。在主体施工过程中，重点把控台阶式屋面混凝土的浇筑、多级台阶的防水以及砖饰面工程的每道工序。尤其是屋面防水，因台阶较多，阴阳折角多，卷材贴合性较低，为保证且增强卷材的贴合性，协同设计时采用在屋面增加一道非固化沥青涂膜防水层的方法，增强卷材贴合性。由于屋面的特殊性，将原设计的外保温改为屋顶内置式保温，使得阶梯式屋面外的施工质量更加有保障。在台阶防水处理过程中，采用两道 1.5 mm 的非固化沥青作为涂膜防水。一方面，作为基层防水材料的非固化沥青具有延展性好、恢复能力强的特性；另一方面，非固化沥青能够更好地与卷材防水层紧密贴合，保证了阶梯式屋面的防水效果。最后，饰面采用花岗岩进行铺贴，铺贴过程中注意形成踏步铺贴的坡度，保障台阶不积水，保证排水顺畅。

三、文化传承经验

在西北边陲短暂的五年间，中国共产党人依靠这一驻地，宣传党的抗日主张，认真贯彻党的抗日民族统一战线政策；组织发动人民群众，团结各阶层爱国人士，开展抗日募捐，支援前线；领导“新兵营”进行训练；帮助各族人民进行政治、经济、文化建设；保证国际交通线的畅通；接待中共干部和国际友人，安置病残人员，对其进行妥善的照顾。

14

八路军驻新疆办事处虽然只存在了短暂的 5 年，却在中共党史上留下了重要而光辉的一页。中国共产党人全心全意为新疆各族人民服务的精神、艰苦朴素的工作作风、宁死不屈的英雄气概，在新疆各族人民心中留下了不可磨灭的印象，播下了革命的种子。红星映照天山，初心永不忘却。如今，新疆经济社会发展和民生改善取得了前所未有的成就，生活在这片土地上的各族群众团结一心、不懈奋斗，获得感、幸福感、安全感不断增强。八路军驻新疆办事处铭刻的这段历史已经成为宝贵的精神财富，引领新疆各族儿女团结奋斗，携手谱写发展新篇章。初心如磐，历久弥新。八路军驻新疆办事处是中国共产党与新疆各族人民群众在中国共产党抗日民族统一战线的旗帜下，用生命和鲜血凝成的历史见证，也是我们用匠心诠释初心、以担当践行使命的时代答卷。

2022 年，作为入围的五个新疆展览馆之一，八路军办事处纪念馆项目获评第十九届全国博物馆十大陈列展览精品平台。

南昌市八一大道改造

Renovation of Bayi Avenue in Nanchang City

设计单位：天津市政工程设计研究院

施工单位：中建三局集团有限公司工程总承包公司

竣工时间：2018 年 9 月 30 日

项目所在区域：江西省南昌市

1

1 八一大道改造后实景图

一、项目背景

南昌市"阳明路—八一大道（南至坛子口）"建筑立面综合改造工程位于南昌市青山湖区、东湖区与西湖区交会的中心地带，北起阳明路，沿八一大道一直至井冈山大道。该项目是南昌市"美丽南昌，幸福家园"环境综合整治工程实现"一年有变化、两年出形象、三年上台阶"规划目标的里程碑项目，旨在打造"南昌长安街、江西第一路"。项目改造内容包括建筑立面、屋面工程、道路工程、城市亮化、绿化提升及城市家具等九大项，旨在打造高标准、高水平、高品位的街景示范区，树立旧城改造项目示范标杆。

八一大道，始建于20世纪20年代，原名"安石路"，是在古南昌城墙的地基上修建的一条马路。八一大道的路基在民国时期是南昌旧城墙，后拆毁城墙修建了号称"南昌的长安街"的大道，这是一条宽60 m以上的十里长街，沿街两边有不少南昌的著名建筑。

1951年，有人提出在南昌市城东面城墙废墟上开辟一条81 m宽的八一大道，并修建60 m宽的井冈山大道继续向南延伸，当时这条大道与北京长安街不相上下，甚至比长安街还要宽，曾被称作“中国第一宽大道”，后压缩至61 m。1956年，61 m宽的八一大道完成，成为当时全国仅次于北京长安街的大道，当时的省领导极具远见地预留了拓宽空间，在人行道设计上下足功夫。这条20世纪50年代扩建的大道，至今发挥重要作用，它为南昌乃至江西的交通和经济发展作出了巨大贡献。该大道如今成为南昌市的一条南北主干道，南起老福山，北至青山路口，著名的八一广场恰好位于八一大道中点。

遗憾的是，如今的八一大道仍然严重超负荷，而20世纪预留的人行道也未能用来拓宽主道。沿线周边的建筑物经过岁月的洗礼，建筑风格、色彩缺乏协调性和美学体验，无法展现街道整体风貌。其平面上的城市基础功能设计较为匮乏，主要体现为城市慢行系统缺失、路灯照明缺失、侧分带及观赏花池缺少、交通安全标识等缺少以及因为地铁轨道施工和大流量车辆带来的路面病害等。除此之外，街面布局混乱，环卫设施及城市景观缺失，整体城市功能较差。

二、施工技术理念及措施

（一）施工技术理念

1. 外立面工程改造设计

现代化建筑，既是城市文化的载体，也是公共空间的主要载体之一。外立面改造广义上是指对城市风貌的整体梳理和塑造，狭义上是指在建筑主体结构不变的情况下，对建筑立面进行表面的修

2 外立面改造实景
3 街道全景
4 泛光照明改造效果

2

3

4

复、装饰和重塑。

八一大道沿线建筑物虽然大多老破陈旧，但是文化底蕴深厚，因此建筑立面整治在充分尊重原有街道的历史积淀、色彩、风格和城市记忆的前提下，着重完善建筑立面存在的各种功能性缺失。对承载历史记忆的核心路段及重点建筑，通过“提炼、创新”的方式打造核心节点建筑风貌。同时，在改造中尊重原有整体结构，避免大量重新拆改。注重街道改造的整体性、协调性，延续历史，提高品质，体现特色，突出文化。

2. 屋面工程改造设计

屋面平改坡是一种旧有建筑物屋面改造的方式，在现有房屋的平屋面上增设钢结构坡屋面，实现改善建筑物使用功能、美化建筑外观造型的一项改造工程。八一大道改造项目中的大量住宅建筑及公共建筑建成、使用均已超过二十年，屋面、墙面雨季渗漏水问题十分严重，采用轻钢结构的屋面平改坡一方面能卓有成效地解决屋面渗漏问题，同时对建筑物顶部空间形态重新设计，能够创造丰富多彩的坡屋面形式，起到美化人民生活环境的作用。

3. 街道艺术文化工程改造设计

街道艺术文化工程要求设计方案既能保持原有历史文脉，又能满足现代生活的使用要求，对设计方案中文化、艺术品质的要求极高。文化、艺术理念融入城市街道更新设计，是城市街道更新项目内涵提升、品质升华的必要手段，是设计方案能否通过后期评审的重要考察点。街道文化艺术工程需与其他专业工程相结合才能实现，是一项“虚工程”，主要包括人行道地雕文化植入、艺术化设计城市家具和公共艺术品与城市空间节点融合等。

南昌八一大道改造项目人行道铺装中间隔 12 m 放置 600 m × 200 m 的主题地雕，地雕以弘扬八一精神和八一军魂为主题，以模块化的构成与人行道铺装有机融合。八一广场至江西省委党校区域围墙设置八一文化浮雕，追溯南昌起义历史足迹，纪念红色革命征程，既具有较好的纪念意义，又丰富了城市景观的红色精神和文化魅力。

4. 城市家具工程改造设计

城市家具作为城市的名片，是一个城市人文面貌的象征，它的设计研究是一个复杂而庞大的工程，需从整体的视角，将城市家具置于城市大环境下，在设计的过程中融入地域文化传统元素，挖掘城市中最具深刻内涵的城市记忆，体现城市家具设计与环境的协调、对人文的关怀、对城市形象的塑造。八一大道改造项目不仅增加了基础设施，同时实现了艺术品与所植入的建筑空间环境

5 党校围墙改造后效果

6 铺装改造后效果

5

6

的高度融合。项目以城市文化为主、地方区域文化为辅，让改造区域在快速发展的进程中独具艺术感和人情味。

5. 泛光照明工程改造设计

泛光照明又称城市景观照明工程或环境照明工程，是一种使室外的目标或场地比周围环境明亮的照明。它通过在夜晚向建筑物外部投射光线，以彰显其特色。因其在夜间黑暗中展示，灯具照亮位置、亮度、颜色均可自行搭配，泛光照明可以有选择地展示具有良好观感的位置，自由地规避脏乱差区域，故泛光照明为城市提供了比白天更为广阔的展示空间，赋予了城市另外一番风貌，使城市在时间与空间上得到了延伸和扩展。

南昌八一大道改造项目在商业街区通过变幻的夜景照明体现商业街的繁华景象，采用动静结合的照明方式将城市的风格特点及文化内涵融入街区并进行宣扬。住宅区域重点使用暖色系轮廓照明的亮化手法，打造一种温馨、宁静舒适的居住效果；历史文化风貌区以简洁的暖色调勾勒历史景观轮廓线，营造宁静的氛围，传递历史沧桑感，用灯光还原建筑的风貌，实现真正的绿色照明，充分利用亮化照明来提高古建筑的吸引力，突出其背后的文化内涵。

（二）施工工艺及技术措施

1. 高性能防水隔热轻质屋面改造

八一大道项目老旧建筑屋面基层为混凝土楼板，存在部分老化、隐蔽损伤、承载力难以预估等问题，屋面防水材料大多为 APP 或 SBS 防水卷材，年代久远，风化、老化现象严重，防水功能基本已失效。隔热系统采用隔热板架空搭设，构件基本损坏失效。在老旧建筑物屋面改造过程中，原有结构的稳定性是重中之重，需避免凿除原防水系统，选用高性能新型材料，优化施工工艺，直接加铺新的防水隔热系统。

基面处理选用成型非固化橡胶沥青涂料，通过其非固化、不成膜的蠕变性、自愈性降低平整性要求，避免凿除原防水层，防止卷材因结构沉降变形产生的老化破损，有效延长防水层的使用寿命。

增加细石混凝土防水保护层可能对原建筑结构产生额外负重，对结构产生永久性损伤。采用自黏性 TPO 防水卷

7

8

7 高性能防水隔热轻质屋面改造

8 温拌沥青混合料施工

材进行铺设，能够实现与下层结构永久黏结，消除层间水渗漏风险。这种卷材无需找平层，不受天气及基层潮湿影响，自带防水保护层，减少了结构负重，增加了安全系数。

拆除隔热层后需增加一道隔热层施工。传统隔热方法无法满足现有居民需求，且可靠性较差。因此，选用水性纳米太阳热反射材料，该材料由高性能水性树脂、金红石型钛白粉、纳米 SiO_2 气凝胶、空心玻璃微珠、红外粉、冷颜料等材料构成，具有较高的太阳反射率和热辐射率，可以大幅度降低外墙表面温度和室内温度，具有显著的节能功效。

2. 市政道路温拌沥青混合料热再生施工

八一大道主干道车流量大，运营周期长，沥青路面出现大量早期病害，例如裂缝、坑槽等。在老旧城区主干道路翻新改造过程中，为不影响城市交通，主干道的翻新改造施工只能在凌晨进行，且需在第二天开放交通，施工时间和空间极为有限。传统热拌沥青方式能耗高、污染大、老化风险大，无法满足翻新道路周边的交通、居住及商业需求。

通过加入一定量的温拌剂，与沥青拌和形成一种新的高节能低排放沥青混合料，并通过配制及性能试验，确定了温拌沥青混合料的最佳配比方法，有效降低了沥青混合料的拌和、摊铺机碾压温度，实现了在较低的温度下进行拌和和施工，具备与热拌沥青混合料相当甚至更好的性能，同时可提前开放交通。

3. 立交桥可调节移动挂篮喷涂改造

南昌八一大道改造工程包含多座老旧立交桥的外立面翻新。在对旧桥外观进行喷涂翻新时，桥底面处于临空状态，工作人员难以就位对其进行涂刷，尤其是大型城市桥梁的翼缘板底面和腹板上部，更是处于喷涂的盲区。

基于传统吊篮方式，改造形成可调节的拆分式移动挂篮。挂篮主要由两根支撑横梁、配重平台、施工操作平台、具有锁止功能的行走装置以及吊架几个部分焊接或栓接而成，其结构简单、配件标准化，可根据现场情况对挂篮的尺寸进行调整，满足不同桥型的检测及维护需求，制作后可重复使用，可不占用桥下车道，极大方便了立交桥的改造施工。

三、文化传承经验

八一大道是展示南昌形象的重要窗口，沿街保留了具有红色历史记忆的大量革命历史建筑，沿线分布着八一起义总指挥部旧址、八一起义纪念塔、八一起义指挥部旧址等革命历史建筑，纪念意义深远。项目在更新改造的过程中，结合南昌八一大道红色背景文化，在人行道上进行地雕文化植入，促进文化传承与当代转换。通过公共艺术品与城市空间节点融合，凸显了城市特质，唤醒了文化记忆。沿街打造了一条隐性的艺术长廊，重塑了街道历史文脉，提升了城市内涵。更新改造后的八一大道沿线焕然一新，路面整洁，交通有序，街道风格庄重且不失活泼，人文气息浓重，沿线商铺客流量也有所增加。

城市更新 Urban Renewal

北京北海医院和东天意市场

Beijing Beihai Hospital and Dongtianyi Market

设计单位： 北京北建大建筑设计研究院有限公司

施工单位： 中建三局集团北京有限公司

竣工时间： 2024 年 9 月 29 日

项目所在区域： 北京市

1

一、项目背景

北京北海医院和东天意市场降层项目坐落于北京市北中轴线，位于西城区地安门外大街 158 号，原京工友谊商城地块内。该项目北侧紧临鼓楼和万宁桥，南侧为景山公园，西侧为什刹海历史文化街区，东侧为南锣鼓巷历史文化街区。改造前场地内的建筑由东天意市场和北海医院使用，由于历史原因，私搭违建情况较多，建筑质量较差，安全隐患严重。场地内建筑为 1 层至 6 层，最大建筑高度为 23.7 m，建筑高度与周边街区的传统风貌极不协调；如果沿街建筑后退 8 m，就会破坏历史街道界面的连续性。

因原建筑高度与外观严重影响中轴线视廊及传统街道景观，不符合北京市中轴线申遗规划要求，需进行降层及风貌修复。场地内原有建筑于 2020 年 11 月全部拆除完毕，并于 2022 年 11 月开始原址新建。新建建筑为独栋仿古

1 鸟瞰效果图

建筑，结构形式为框架结构、筏板基础，主要仿古建筑部位，如屋面板、梁架、柱子、楼梯，均为钢筋混凝土结构。建筑分为地上两层（4 779.65 m^2）和地下两层（3 646.04 m^2），总建筑面积为 8 439.69 m^2，前檐最大檐口高度为 8.7 m，最大屋脊高度为 11.9 m。

二、施工技术理念及措施

（一）施工技术理念

北京北海医院和东天意市场降层项目所在的地外大街是北京最繁华的传统商业街之一。该地段不仅属于旧皇城重点保护区，还位于三类建设控制地带。同时，本项目也位于北京传统中轴线上，是北中轴线的重要节点之一，地理位置特殊，蕴含着深厚的历史文化底蕴。

该项目位于“传统中轴线”和“京杭大运河”两大申遗项目的交会点，需坚持古都传统风貌的保护原则，依据历史信息及传统建筑要素，结合北端中轴线的景观视线廊道及相邻文物建筑高度，确定建筑的高度、尺度及传统外观要素。本工程建筑高度由 6 层降至 2 层，与该街区周边建筑保持一致；依据历史沿街界面及地块产权范围，将建筑边界向西扩展，按传统风貌织补沿街立面；建筑外观采用清末民初传统建筑元素、材料和色彩。

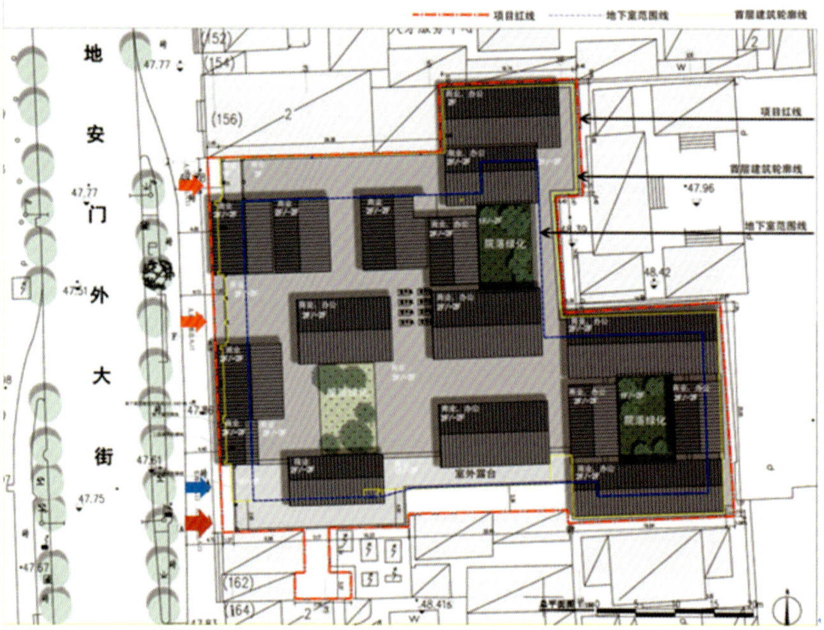

2

该项目需尊重本街区的传统城市肌理，参考历史资料及街区传统院落格局，延续传统沿街商铺的开间尺度，织补城市肌理。本工程采用传统坡顶院落式格局、较小的建筑尺度、传统灰砖墙及木装修，使建筑有机融入周边传统街区环

2 总平面图
3、4 改造前建筑原状

境。屋顶采用清式拍子平顶、民国式女儿墙瓦面坡顶及平顶；立面采用传统商业铺面样式，冰盘檐挂檐板加木栏杆、民国式扁心女儿墙、落地木格扇门窗加雕花挂落、民国式砖墙及壁柱、民国式平拱及弧形拱门窗洞；在材料和色彩方面，采用灰砖墙面，以及黑、棕、绿色木装修局部描金。

该项目坚持复原与创新相结合，积极探索更新设计方法，推动传统历史文化街区的可持续发展，使传统城市街区和建筑适应现代生活。结合现代功能与现代技术，优化建筑空间，提高建筑品质，打造既符合传统文化又满足现代需求的优质商业及文创空间。

（二）施工工艺及技术措施

本工程为仿古建筑物，使用钢筋混凝土结构而非木结构，为了使得建筑物在装饰之后的外观能达到木结构的效果，施工过程中需遵循古建筑的材料选用和传统工艺的要求。

在材料选用方面，瓦件采用手工或半手工半机制黏土筒板瓦，颜色必须均匀一致；古建砖采用手工砖切片，其色彩应与现状遗存的古建砖保持一致；建筑台明、柱础、台阶、陡板、石栏杆、

3

4

柱顶石一律采用当地青石，石材无裂纹、残隐，纹理为沿石材形成方向最佳；椽子、木板等装饰线脚一律采用杉木制作，使用前应经干燥处理，检验全部木构件的含水率。

在施工工艺方面，在保证质量的前提下尽量遵循古建筑施工工艺。瓦面屋脊采用捉节夹垄；外墙小停泥砖砌筑淌白墙；混凝土梁、枋、柱、檩等仿大木构件以及檐椽、飞椽、连檐、外贴木板线脚、瓦口和其他细小部位做三道灰地仗，做到细灰层，并磨细灰钻生油；柱、梁、仿、檩、门窗、槛框、搏风板、榻板、山花板、檐椽、飞椽油饰严格遵循传统工艺材料做法要求。

本工程采用合瓦坡屋面工艺。由于屋面为混凝土结构，其上部防水层采用改性沥青防水卷材代替传统灰背，保温层采用 100 mm 厚 B1 级挤塑聚苯板代替传统泥背，与传统屋面做法相比，该做法隔热性能好，防水性能稳定，且施工更加便捷。

同时，针对小停泥砖墙，本工程外墙首先采用 200 mm 厚蒸压加气混凝土砌块砌筑；然后在其外侧贴 30 mm 厚真空保温板，该保温板热工性能约为常规岩棉板的 3 倍，可减少外墙厚度，最大限度地增加室内使用面积；在外墙最外侧距保温板 30 mm 位置砌筑小停泥砖墙，采用预埋钢筋与内侧蒸压加气

5 北京市北中轴线效果图
6 西立面效果图

5

6

混凝土砌块墙拉结，最后在保温板与小停泥砖墙之间缝隙内灌浆，以增加最外侧小停泥砖墙的稳定性。

另外，檩、垫、枋为抬梁式古建筑的横向水平受力构件，三种构件组合使用，造型美观，结构表面通常进行油漆

彩绘装饰，为古建筑之精髓所在，所以该部位的工程质量尤为重要。本工程采用混凝土结构仿造古建筑檩垫枋，造型复杂，如采用传统的木模板拼接或定型模板，很难保证外观质量，为了消除混凝土棱角和拼缝等质量缺陷，本工程采用激光切割技术加工定尺模板，作为檩垫枋复杂造型部位的混凝土构件模板，减少拼缝，保证混凝土结构一次成优率。

本工程除采用古建筑施工工艺外，还需结合现代施工工艺技术，例如局部冰盘檐采用 GRC 构件实现古建筑构件的美观造型；柱、梁、檩、枋等受力构件采用清水模板混凝土一次浇筑成型，并严格按照古建筑规矩制作浇筑完成；木构件的防火、防虫、防腐处理采用表面涂刷木材防腐剂和环保透明型木材阻燃剂。

三、文化传承经验

仿古建筑在建筑形式上模仿传统建

7 现代仿古窗实例

8 檩垫枋定尺模型及实物

7

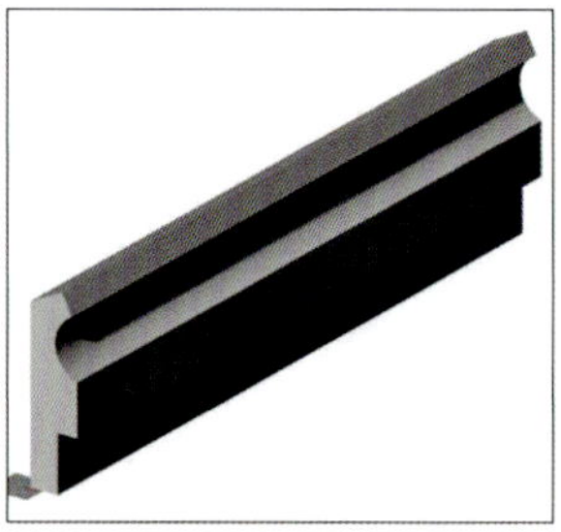

8

9 改造前建筑原状（西立面）
10 仿古外立面实例

筑，并保证建筑外观基本上反映传统建筑的主要特征，其结构、材料及施工技术方面均反映近现代建筑的主要特征，是近现代的建筑作品。在结构设计过程中，既要保证结构安全性，又要满足古建筑的制式要求。

建筑物中各个受力构件的大小和形状都要满足古建筑的模数要求。其他各传力构件的形式也要严格按照古建筑物中各构件的形状和尺寸来确定。

建筑物屋面各部位的变化要明显，对其构造也有很高的要求，构架体系可采用步架和举架进行处理，以达到屋面坡度越往上越陡峭、越往下越平缓的效果，将中国古建筑的特点尽可能展现出来。

仿古建筑是城市更新中不可缺少的内容，尽管其建造难度比较大，但是只要正确利用现有的高科技和新技术，并对材料加以改造，那么仿古设计与营造能力一定能跟上城市更新的脚步，适应其发展。

9

10

磨山景区生态保护与综合提升

Ecological Protection and Comprehensive Improvement of Moshan Scenic Area

设计单位： 中南建筑设计股份有限公司

施工单位： 中建三局第二建设工程有限责任公司

竣工时间： 2024 年 11 月 29 日

项目所在区域： 湖北省武汉市

1

一、项目背景

武汉市东湖风景区作为东湖绿心的核心区域，是建成世界级东湖绿心的重要载体，要将其打造成具有国际影响力的生态风景名胜区和城中自然湖泊型旅游胜地。磨山景区是国家风景名胜区东湖风景区的重要组成部分，是国家5A级旅游景区、国务院首批公布的国家级重点风景名胜区。从区位来看，磨山景区位于东湖的核心位置，四面环绕着听涛景区、渔光景区、白马景区、落雁景区、后湖景区、吹笛景区和喻家山景区；从景观资源和旅游服务角度来看，磨山景区为核心景区，三面环水，六峰逶迤，即东、西、北三面临湖，拥有着270°无遮挡的观湖视角；区内拥有着东湖最高峰，是俯瞰全湖的制高点；拥有梅园、樱花园、荷花园、楚才园等众多专类园区，不仅承担着东湖风景区的最主要花卉植物的观赏与研究功能，还是东湖绿道特色段的核心区功能配套。

1 楚天台翻新实景图

2 荷园培育池

2

磨山景区生态保护与综合提升工程包括梅园改建工程、荷园迁建工程、樱花园扩建工程、牡丹园景观提升工程、磨山楚文化综合整治工程。

梅园改建工程结合植物分布现状，在核心观梅区，将梅花和宋代诗词文化相结合，打造人景互动的诗意景观，即“赏梅十六景”，让每一个节点都能呈现出诗词中的绝美意境，让每一个景致都能成为展示宋风美学的典范。

荷园整个园区因湖构园、借势取景，将东湖之秀丽、园林小品之雅致融于一体，打造一个展现中华民族荷文化精髓的主题园和拥有最丰富的荷花品种的生态观赏繁育基地。

樱园扩建工程为了突出景观主题，植入文化内涵，创新游赏活动，打造特色景观，造就多维体验、人景互动的园林格局，将原本仅供一季赏花的樱园，变为游客四季向往的樱花风情园。

牡丹园以维持现有空间布局、景点内容、文化内容为前提，因地制宜，通

3 梅园梅妻鹤子

4 梅园瀑落梅林

过提升整体环境，完善配套设施，将其打造成集赏花与文化体验于一体的江南第一牡丹专类园。

楚文化综合整治工程通过实施建筑生态化修复、山体生态地貌修复、楚天台翻新提升等建设，最大限度地展现楚文化浪漫、诗意和富有激情的特色，实现文化的创新型转化和创新型发展。

二、施工技术理念及措施

（一）施工技术理念

磨山项目不仅局限于建设，更着重于保护，其理念在于以生态修复和生态化建设为宗旨，建设与景观环境治理、文化内涵提升、旅游服务产品提档等工作相结合，改善生态环境，有效治理污染，保证可持续发展。

改造工程不同于新建工程，要因地制宜，专类园建设要妥善保护本土树木与现有建筑，更要保护好各园承载的文化内涵。施工时，要提前规划路线，确定便道方案，避开名贵古木，控制作业半径，做好保护工作。对于必须移植的苗木需做好苗木假植工作，更要根据不同品种，做好对应的土壤改良及更新复壮工作，保证苗木存活，降低施工造成的损失。

本项目设计着重突出专题园的花主题，深挖主题园的文化内涵。樱园突出樱花景观主题，植入唐文化内涵；梅园

3

4

5

突出梅花景观主题，植入宋文化内涵；楚天台更是把楚文化展现得淋漓尽致。施工则需把握住各文化特点，如樱园的安定门结构虽为钢筋混凝土，但其正脊、垂脊、正吻等各精雕 GRC 构件，展现唐代建筑的宏阔俊美，整齐而不呆板，华美而不纤巧，舒展而不张扬，古朴而富活力。

材料选用更是要贴合专类园特点。采用黑色花岗岩砌造墨池品梅，突显梅花风采；汉白玉的精致雕刻更显宋代风格的精巧细腻与纤巧秀丽；各式各样的琉璃瓦及构件能恰到好处地展示各文化特色；仿木纹混凝土的使用，既能很好地融入园区景色，还能保证质量，降低亏损风险。

楚天台经外部翻新和内部空间布局的提升，已成为楚文化场景式展示中心，带给游客沉浸式体验。楚天台作为独特的阶梯式依山建筑，荣获鲁班奖。在外部翻新过程中，装修式脚手架的搭设经过多方案比选，项目决定采用一种创新

5 磨山山体游步道

6 脚手架智慧搭设效果图

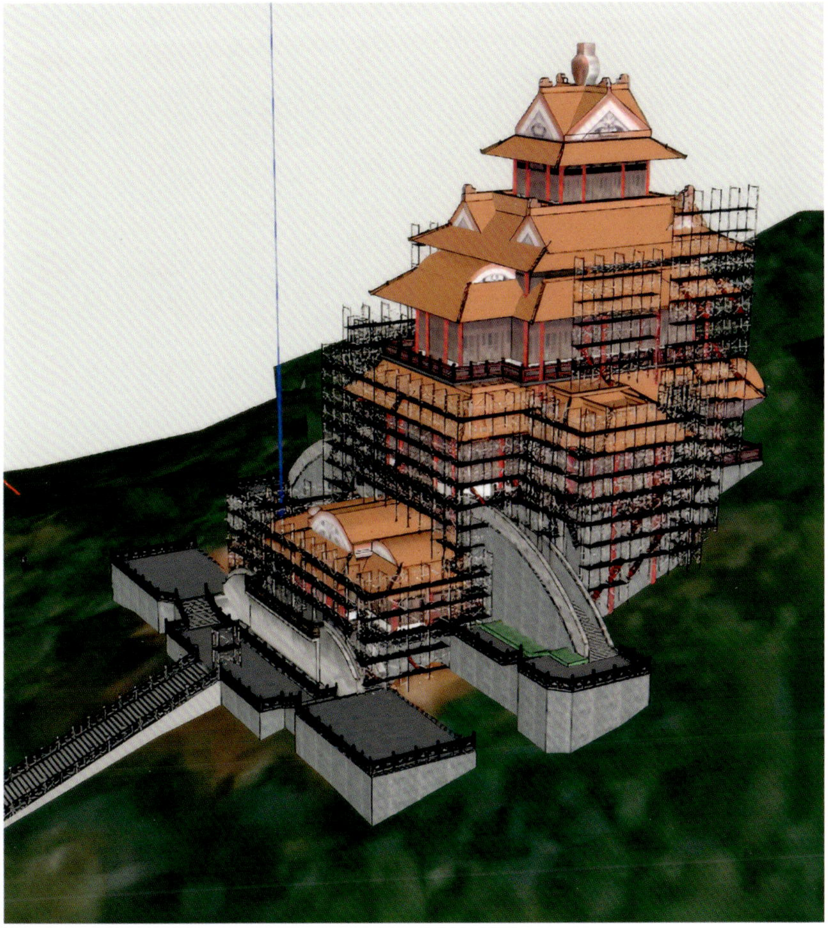

6

空间语言更好地传达楚辞、楚礼、楚乐等楚文化知识与精神内涵，促进公众对楚文化历史的理解，将楚文化崇尚自由、富有激情、善于想象、善歌好舞的鲜明的特色完美展现。

（二）施工工艺及技术措施

1.“耸于高山，隐于林木”仿古建筑维修翻新施工关键技术

武汉东湖风景区内的楚天台，层台累榭、依山而建，先后获得武汉市十大标志性建筑、湖北省优秀工程设计一等奖、建设部优秀工程二等奖、全国优秀工程鲁班奖等荣誉，深受中外游客喜爱。在维修设计理念上，遵从“原汁原味、整旧如新”的原则，保留建筑的原有风貌，适当提高建筑材料的品质与建筑的耐久性。

面对有限的作业条件，创新性地研发了“依山阶梯式多层仿古建筑维修脚手架智慧搭设施工关键技术”，该技术主要通过采集待维修仿古建筑参数，结合规范要求确定待维修仿古建筑的脚手架参数，建立3D模型还原建筑物模型，结合楼层悬挑顶板结构计算及碳化试验

的四面同步、层层递减的施工方式，每层架体坐落在山地及下层拱形屋面上，逐层内收，彼此相连，在保证安全的情况下，精细修复翻新楚天台的每一寸屋顶。楚天台内部空间布局的提升通过双层叠幕和微缩场景的施工，运用场景式

数据对脚手架总体布置位置进行定位调整；根据定位点进行脚手架自下而上分层搭设，搭设过程中，确定监测点位并制订监测计划，待使用完成后自上而下拆除。

本工程因楚天台四周均设有脚手架，两对外脚手架采用长横杆进行对拉，保证每层脚手架形成一个整体，远比单面双排脚手架侧向稳定性要高，同时每面脚手架均与现有结构柱设置横杆对撑，保证脚手架整体稳定性。因仿古建筑的结构特殊，无法在现有楼层板处做连墙件，满足不了脚手架连墙件设置。经现场勘察并讨论后决定沿楚天台四个方向进行横向支撑，同时为了增强脚手架的侧向刚度及稳定性，在外脚手架与建筑物之间设置连墙件。连墙件采用双向横向横杆固定在楚天台结构柱及现有梁上，分层设置。在无法用横杆固定至楚天台时，采用扣件设置在现有的结构柱或者走廊扶手上。

因现场各层脚手架布置不同，观测点主要布置在脚手架的二层、三层及四层中部的角部，其次在四边中部位置，用红色油漆在底层钢管 1.2 m 处做记号，共设监测点 26 个，并采用“视准

7

8

7、8 施工现场图

线法”对其沉降进行观测。在每层屋面瓦翻修施工完成后，严格遵循拆除顺序，由上而下、后搭者先拆、先搭者后拆的原则。

2. 复杂环境下爬山式大倾角材料运输施工关键技术

针对复杂环境下的材料运输，研发了爬山式大倾角材料运输关键技术。这种技术根据山体及建筑外形设计物料提升架体与设备，构成物料提升系统，解决了维修材料运输困难的问题，实现了物料及垃圾的安全、高效率运输，同时降低了对仿古建筑的损伤风险，为仿古建筑保护和修缮工作带来了革命性的改变。

首先对建筑外形及周边地形进行现场踏勘，并完成架体方案的设计，然后将所有立杆位置在山体上放线定位，并对地面进行处理，如种植土软弱地面浇筑混凝土硬化，山体斜坡面采用电钻等设备打磨平整，铲除青苔，达到立杆底托平稳着地的标准。按照由下至上顺序搭设架体，随后沿脚手架纵向，每隔 10 m 设置 1 处架体基础检查点。采用“视准线法”对架体进行沉降观测。在该项目中，在斜向脚手架上设置宽度为 1.2 m 的轨道，共搭设 48 m。同时，在轨道上安装卷扬机和料斗。在运输时，将建筑材料人工搬运至料斗内，启动卷扬机，将材料通过既定轨道运输至山上，启动限位和防坠装置，确定料斗不再下滑后，将材料进行搬运，搬运完成后及时将料斗放至最低点断电，反之进行垃圾下运。

3. 名贵樱花树治理关键技术

针对樱花园集群种植的樱花树种植、治理、养护问题，创新了名贵樱花树的根系治理和土壤改良技术，在不闭园的前提下，为高密度的名贵樱花树根系病虫害提供纯人工治理技术，在原位通过人工进行樱花树的寻根、治理、堆坡、更换改良土等创新施工，重点解决了复杂地形、高密度种植条件下樱花树树根修剪、治理和改良土体等问题，同时减少了樱花树养护治理对周边环境的扰动，降低了施工成本和施工风险，使得名贵樱花树的治理不再受空间影响。

首先通过对樱花树的花期时长、枝条是否下垂等进行观察分析，若确定其长势衰弱，则进行根部的分析，当对根

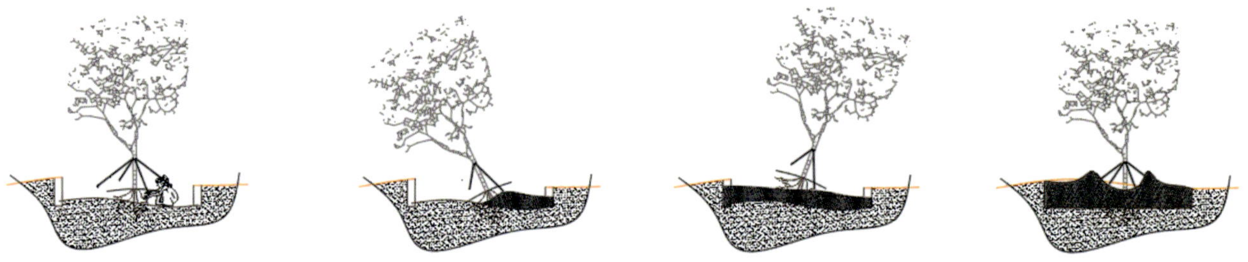

9

部分析完成后最终确定是否需要根部手术。判断樱花树需要进行根部手术后，在刨出树根覆土时，树木可能会倾倒，需进行临时支撑。临时支撑采用 4 根钢管或杉木，确保开口角度整齐一致，与树木相接的地方用松软衬垫物保护。

起挖前对樱花进行修剪，应以疏枝为主，保护主轴的顶芽，确保中央领导干直立生长，在剪口处采用绿色伤口涂补剂进行处理。因樱花枝条较为脆弱，为保护树形，在修剪过程中斜撑柱要稳定。樱花树的根部一般较浅，距地面 30 ~ 60 cm，在樱花树的树冠滴水线外 5 cm，人工使用铁锹、十字镐先浅挖一圈环状沟，然后改用双齿耙、小十字镐小心地将樱花树的树根全部挖出，找出生长状况良好的根和粗壮的根用布绳捆绑起来，并做好保护。在开挖的过程中更要特别注意避免对其造成伤害。

四根支撑拆除两根后，人工利用牵引绳绑在樱花树的 2/3 处，向一侧（左侧）逐渐拖拉，待树木枝干整体呈 45° ~ 60° 时，立即采用双支柱对其进行支撑，并固定牵引绳的一端，使其保持一定的拉力。当根部的一端（右侧）翘起并与地面产生一定的距离时，立即对根部进行处理，挖除这一侧（右侧）的所有土壤，运走并更换改良土。

再次人工利用牵引绳和树木支架重复上述操作，将树木偏向右侧，对树木的左侧进行根部的修剪并更换改良土，如此往复操作可改变樱花树的种植高度并完成根部的处理。樱花树的高度调整到合适的位置后，对根部进行改良土覆土。换土完成后将其摆正并用支架进行

9 樱花树治理技术示意图

支撑，防止其倾倒。最后，对其进行术后养护，包括围堰、浇水和封堰等流程，确保名贵樱花树存活。

三、文化传承经验

文化传承的不仅仅是一种内涵，更要与现有场景特色和当代文化进行有机结合。

唐文化雍容的气质，与樱花浪漫的姿容相得益彰。在樱园景观提升中植入唐代建筑、宴会、乐舞、诗歌、茶道、花灯等文化元素，展示盛唐景象，将樱园打造成雄浑大气、绚丽多姿、具有东方神韵的赏樱胜地。

梅花历经风霜、傲然而立的君子之风，与宋文化简洁高雅的内涵不谋而合。当代迅猛发展的休闲产业，与宋代多彩的世俗生活不谋而合；宋人简雅的文化品格，与当代极简主义的时尚理念不谋而合。在梅园的提升改造中，植入宋文化的元素，是非常恰当的。宋文化严谨含蓄、自然清新、淡雅精致，可以彰显梅花风格，使梅园臻于奇美。

楚天台空间打造以章华台——楚王宫为整体基础，有机串联起楚文化中音乐、服饰、礼仪、文学，以优化“楚风盛世”精神符号与文化气质传播为目标。建立楚文化与现代社会文明的对话境域，最终实现楚文化游览区文化表现的物态化和文化感知的活态化。

2022 年樱花园开园报道的外宣发稿数量超 20 篇，其中核心媒体发稿 1 篇，登上央视新闻频道新闻直播间，在《光明日报》《经济日报》等中央媒体发稿 5 篇，在《湖北日报》《楚天都市报》等省部级媒体发稿 8 篇。2023 年梅园和樱园开园期间，受到央视新闻、《长江日报》、湖北经视等主流媒体的广泛关注。

雅山综合绿化

Yashan Comprehensive Greening

设计单位：中国中建设计集团有限公司

施工单位：中建三局集团西北有限公司

竣工时间：2022 年 8 月 31 日

项目所在区域：新疆维吾尔自治区乌鲁木齐市

1

一、项目背景

雅玛里克山位于乌鲁木齐市沙依巴克区，素有“乌鲁木齐市之肺”的美誉，根据乌鲁木齐市上位规划，雅玛里克山区域未来将打造为城市重要的森林公园。这里曾是蒙古族和哈萨克族牧民的一处牧草场，也是乌鲁木齐市区最大的一座荒山。由于山上植被稀少，每年有大量沙尘随大风刮入市区，成为乌鲁木齐的主要沙尘污染源，严重威胁着市区的生态环境。

沙依巴克区政府从改善生态环境、造福各族人民的战略高度出发，大胆提出“改造雅玛里克山、建设绿色人居环境”的构想，按照市委、市政府提出的“绿化先行、统一规划、分片改造、综合治理”十六字方针，全民动员，开发

1 雅山绿化改造后全景

荒山，使得荒山绿化面积逐年增加。近年来，随着沙依巴克区雅玛里克山建设的不断发展，树木数量的增多，一些制约雅玛里克山自身发展的潜在问题也开始暴露出来：设施陈旧老化、年代久远等。同时，在山地景观方面也存在着档次不高、文化特色不鲜明的问题。这些不良因素不仅影响了雅玛里克山的生态和人文环境，降低了景观竞争力，还阻碍了沙依巴克区城市品位的提升，浪费了宝贵的土地资源，更重要的是影响了沙依巴克区的对外形象，成为乌鲁木齐生态文明建设的难题。因此，要优化雅玛里克山的绿化，相关配套设施是必不可少的。为此，乌鲁木齐市沙依巴克区房屋征收与补偿办公室遵循“坚持以人为本，美化城市环境，建设宜居雅山”的原则，提出了 2021 年乌鲁木齐市沙依巴克区雅玛里克山绿化工程的配套项目建设方案，以满足人民群众对美好人居环境的需求。

雅玛里克山原有灌溉系统为漫灌（土渠沟灌），导致水土流失情况的发生，尤其在西北地区更为严重。由于水土流失问题没有得到有效治理，荒山土层变薄，甚至出现了沙化、石化现象。雅玛里克山原有灌溉系统的水资源利用率仅为 60%，存在水资源浪费等情况。尤

2、3 改造后林带效果

2

3

其在每年6至8月，雅玛克里山绿化需水量较大，存在较大缺口。为此，根据整体观、整合空间、节约用水的原则科学设计，将雅玛里克山区域内307万m^2绿地的灌溉方式由漫灌改为滴灌。

乌鲁木齐沙依巴克区雅玛里克山漫灌改滴灌项目，现状场址主要位于雅玛里克山，A区占地191万m^2，B区占地76万m^2，C区占地40万m^2，整体现状场址缺乏完善的灌溉系统。将雅玛里克山区域内307万m^2绿地灌溉方式由漫灌改为滴灌是雅玛里克山整体改造中的提升项目，属于重要的截水灌溉建设。项目建设完成后将有效提升雅玛里克山绿化灌溉标准，推进绿化造林进程，巩固雅玛里克山绿化成果，并能提高水资源利用率，改善灌溉用水紧张的局面，大幅提升雅玛里克山绿化区域保护效果，提升生态系统质量和稳定性。雅玛里克山是城市面貌的重要组成部分之一，是展示城市风采的标志性景观。从昔日的秃山变成城市公园，从沙尘策源地变成城市绿肺，雅玛里克山绿化全覆盖是城市荒山绿化的典范，是习近平生态文明思想在新疆的生动实践。

二、施工技术理念及措施

（一）施工技术理念

发挥“山水入城”的生态资源优势，优化完善城市开敞空间布局和慢行系统建设。雅玛克里山绿化项目遵循“推进‘一山一业’主题性山体公园规划建设，为居民提供多样化的绿色开敞空间”的整体规划原则，项目定位是将沙依巴克区雅玛里克山打造成“美观、设施完善、规划合理” 的区域，使之成为展示乌鲁木齐市沙依巴克区城市风貌的重要组成部分，成为乌鲁木齐市重要的对外窗口和城市名片。其规划方案以营造适合原有区域生态特征的绿地景观为规划设计理念。充分思考“安全、绿色、活力、智慧”四个元素，打造优质生态环境，为市民塑造自然优美、舒适便捷、卫生安全的怡然休憩之地。

（二）施工工艺及技术措施

1. 树穴预留PE管技术

滴灌采用De20的PE管上安装

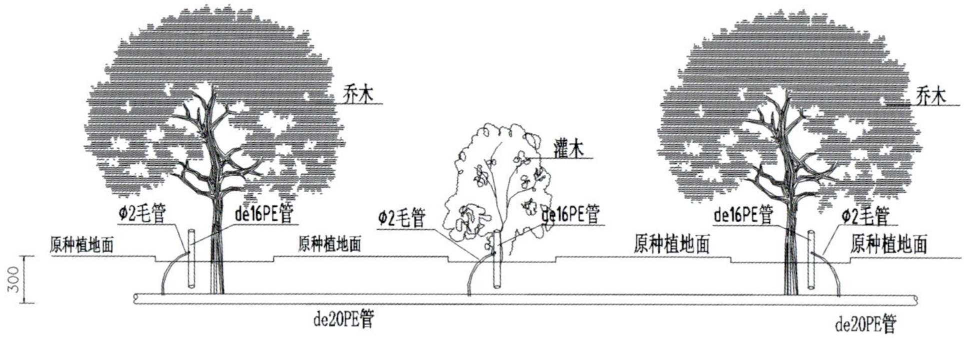

4

5

4 苗木滴灌立面布置图
5 现场滴灌实施效果
6、7 绿化后现场效果

20 L/H 的 ϕ 2 毛管，插在每个树坑预留的一根 250 mm 的 De16 的 PE 管（壁厚 1.2 mm），一是可防止灌溉时毛管因水流作用移出树穴，二是可防止毛管出水口处水土冲刷。同时，可明显观察到此处水流大小，从而判断毛管是否堵塞。

2. ϕ 3 毛管应用技术

常规毛管直径一般为 ϕ 2，因雅玛克里山树木灌溉水源均为污水厂处理过后的中水，水中杂质较多，常规直径毛管易发生堵塞，本项目采用 ϕ 3 毛管可有效避免毛管因杂质造成的堵塞。

6

7

8

3. 露天水池建设项目采用水池底部抛石挤淤地基处理技术

在该项目中，3 号水池位于山体坑洼处，一年四季均有山体下渗水流出，在对 3 号水池开挖时，底部均为淤泥，施工机械无法通行，为加快施工进度，在前期采用戈壁土换填 1 m 深进行地基处理，但效果不好，施工机械还是不能很好地通行。后期采用抛石挤淤方案沿湖体一圈修建临时道路，便于施工机械施工，加快施工进度。因此，通过采用粒径为 30~60 cm 之间的卵石进行抛石，利用挖机配合铲车将石块向前倒运并碾压，直至铲车可正常通行。

8 地基处理用抛石
9 雅玛克里山地貌图
10 水池上新建木桥

9

10

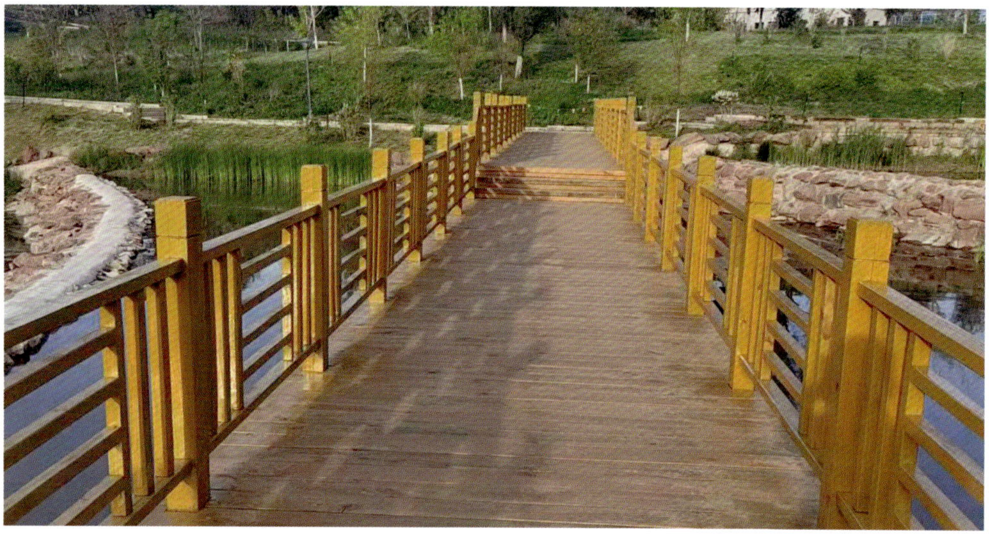

11

4. 防腐木榫卯连接技术

防腐木榫卯结构是在两个构件上采用凹凸部位相结合的一种连接方式，其特点是在物件上不使用钉子，利用卯榫加固物件。

在制作榫卯连接时，需要确保连接零件的结构安全，以及连接点的强度足够大，能够承受外部力的作用。这就需要合理设计榫卯的尺寸和形状，确保榫卯连接的稳定性和牢固性。榫卯工艺技术还要求制作精细、匠心独具。榫卯连接需要经过精确的加工和拼接，要求连接点的接触面光滑、配合紧密。制作榫卯连接时需要使用特殊的工具，如榫卯机、锯、刨等，操作技巧要熟练，确保工艺的精度。榫卯工艺技术要求还包括合理的榫卯类型选择。根据不同的应用场景和实际需要，榫卯连接可以采用不同的类型。常见的榫卯类型有直角榫卯、斜角榫卯、多角榫卯等，选择合适的榫卯类型可以提高连接的牢固性和美观性。此外，榫卯工艺技术还需要注意连接点的防潮处理。木材容易吸湿膨胀，因此在制作榫卯连接时需要对连接点进行防潮处理，以防止连接松动或变形。可以采用刷涂防潮漆或使用专用胶水来实现。

11 防腐榫卯木桥
12 路边花草绿化带
13 雅玛克里山绿化植树

12

13

三、文化传承经验

1. 军工记忆

1995 年起，驻乌鲁木齐部队官兵先后来到雅玛克里山，与乌鲁木齐市各族干部群众一同在山上植树造林，为荒山绿化作出巨大贡献。

退役军人刘胜英回忆，在部队时，他每年都会和战友们一起参与雅玛克里山的绿化工作。2014 年退役后，每年春季上山种树成了他的习惯，坚持了 19 年。刘胜英说："现在从城市各个角度看雅玛克里山，层峦叠嶂、绿意盎然。每到周末，我还会约着老战友们一起上山看看，回忆当初绿化这座石头山的艰辛，感慨这座青山美景的来之不易，并希望能把这份绿化事业一代代传下去，让山更绿、景更美。"

2020 年 11 月 4 日，沙依巴克区军民共建荒山绿化示范基地在雅玛里克山揭牌成立。

2. 文化传承

雅玛里克山，又叫"妖魔山"。之所以被叫作"妖魔山"，源于一段神秘的传说。

每当山上云雾上升，夏则暴雨，冬则降雪；加之妖魔山峰峦叠嶂，沟梁交错，遇风便飞沙走石，容易使人迷失方向。于是，人们给它蒙上了一层神秘的面纱，传说山上有妖魔作怪。妖魔山据说也是《西游记》里牛魔王的寓所。

传说青烈龙、赤龙因兴风作浪被西王母压在妖魔山和红山之下，两山遥遥相望。但那时乌鲁木齐河却经常泛滥成灾，百姓以为是二龙作祟，就在妖魔山和红山上各造一塔镇妖，以祈丰年。

项目自开工以来便受到各界广泛关注，国务院国有资产监督管理委员会官网、网易号等主流媒体多次宣传报道林带建设，全面展示雅玛克里山绿化建设内容和社会各界满意度，对城市规划建设的综合空间利用具有重大意义。

14 绿化后的水池
15 水池内绿化水生植物

14

15

鄂州市鄂城区老旧小区改造

Renovation of Old Residential Areas in Echeng District, Ezhou City

设计单位： 鄂州市城市规划勘测设计研究院

施工单位： 中建三局基础设施建设投资有限公司

竣工时间： 暂未竣工

项目所在区域： 湖北省鄂州市

1

1 鄂州市鄂城区老旧小区改造效果图

一、项目背景

鄂州，位于湖北省东部，长江中游南岸，是驰名中外的“武昌鱼”原产地，素有“湖北之根”“武昌之源”的美称。其历史悠久，自春秋战国以来，始为东楚首府，继为鄂邑、鄂郡、鄂县，其间曾两度成为帝王的都城。夏时为“鄂都”，殷商时为“鄂国”，三国时期孙权在此称帝，旧称“吴都”“古武昌”。

鄂州市鄂城区位于鄂州市东部，是鄂州市的政治、经济、文化、商贸和对外交往中心。为了适应城市的快速发展、改善民生的需要，鄂城区政府决定对2000 年以前建成的 370 个老旧小区进行改造，涉及居住人口 57 291 户，居民楼 1 927 栋，涉及排水、道路工程，公共休闲空间绿化、美化、亮化工程，增设室外功能性配套设施，规整空中管线，整治建筑外立面等内容。其中，包含对已有1700多年历史的“鼓楼”修缮、对代表鄂州吴王城历史的“窑山”旧址改造、原雷山水泥厂矿区工业遗址博物馆和民俗展览馆打造等系列工程。

“鼓楼”位于鄂州市老城区的古楼街北段，为鄂州市“老十景”之首，巨型石砌的半圆拱门跨街而立，气势高阔雄浑，楼上是粉墙青瓦，雕花木窗，结构古朴而庄重。据《武昌县志》记载，此楼原为三国时吴王孙权之端门，至今已有1700多年历史。亦有人称其为“南楼”“庾楼”“庾亮楼”“玩月楼”。现存建筑是1940年在原基复建的。楼下的石砌圆拱门，内空高达12米，宽11米，长16米。

复建后的“鼓楼”经过多年风吹雨打、年久失修，存在一定程度的损毁，尤其是部分木窗、木挑檐、木檩条等。因此，在本次改造过程中对此楼进行修缮。在修缮过程中尽可能保留其原状，对腐烂严重的木材进行更换，对局部开裂的木构件采用铁箍加固。修复之后的庾楼现已作为展厅对外开放，不定期组织鄂州市当地文人开展赏月诗会，复现古时“玩月楼”的美好景象。

在老旧小区改造过程中，类似“鼓楼”的改造项目还有很多，如位于江城社区油厂小区的“窑山”旧址改造。在原“窑山”旧址上建设微文化游园，利用原古城墙砖砌筑一小段城墙以展现鄂州吴王城的历史与文化，增设土窑小品展现“窑山”文化，并在地面上增设历史大事件地刻来介绍这片土地的历史。另外，对位于考棚社区粮机小区的印刷厂进行了改造。这栋建筑原为鄂州碾米砂辊厂厂房，经退休工人介绍，在20世纪80年代，他们就是在这栋厂房里研发出了碾米砂辊这一拳头产品，将出米率提高了20%，并荣获了国家发明二等奖和国家银质奖。现在这栋厂房已经破败不堪，对其进行改造，消除了安全隐患，重整立面，使得这栋厂房重获新生。

二、施工技术理念及措施

（一）施工技术理念

鄂州市老旧小区改造过程中，力求实现文化彰显与物质需求的平衡，根据居民的物质文化需求进行规划设计，因地制宜、精准施策，以特定建构筑物为

2

3

2 “鼓楼”改造前照片
3 “鼓楼”改造后照片

载体，将各种文化元素有机融入。在传承中华优秀传统文化、保护历史文化建筑的同时，留住城市记忆，让市民在日常生活中潜移默化地得到教育和启迪。

1. 找准一个载体，彰显历史文化

在老旧小区的改造规划设计和方案制定上，以小区及其周边的口袋公园、建筑立面、景观小品为载体，在彩绘墙、路标、门楼等醒目位置融入具有鄂州特色的“古铜镜”“三国文化”“工业文化”等各种文化元素。在部分小区内选取闲置用房作为社区网格工作室，通过在工作室内展示本土书画作品、剪纸、各类书籍等形式彰显本土特色文化。

2. 依靠两个阵地，弘扬历史文化

在制定老旧小区改造方案过程中，融合基层阵地建设和基层治理相关要求，在社区内设置“1+9”功能设置（“1”即 1 个便民服务大厅，“9”即 9 项服务功能：党员活动、综治警务、教育培训、文体活动、老幼残服务、家庭与妇女服务、卫生健康服务、环境物业服务、社会组织活动），方便群众享受“一站式”便民服务，同时在社区党群服务中心不定期开展相关活动，弘扬鄂州特色历史文化。

4

5

6

7

3. 坚持三个统筹，传承历史文化

在编制改造设计方案时，坚持做到小区改造项目统筹、小区内外统筹、片区区域统筹“三个统筹”，统筹安排小区水电气管线设施、小区道路和绿化等改造工序，统筹规划小区内外雨污分流

4 油厂小区微文化游园改造前
5 油厂小区微文化游园改造后
6 印刷厂改造前
7 印刷厂改造后
8 矿区工业遗址博物馆改造意向
9 民俗展示馆改造意向
10 瓦屋面修缮

等设施，统筹推进小区连片改造。将老旧小区改造与城市公园、海绵城市、拆违治违等项目统筹实施，整合国家补助资金、社会资本、居民自筹资金等，开展一体化老旧小区改造工作。

4. 完善四项功能，提升历史文化

在制定老旧小区改造方案过程中，特别注重完善休闲、文化、健身、旅游四大功能，除了休闲驿站、幸福食堂等，还建设了口袋公园、健身广场、文化广场，在丰富群众精神娱乐生活的同时，使群众在潜移默化中接受历史文化的熏陶。

（二）施工工艺及技术措施

1.“鼓楼”瓦面保护修缮

针对望板、连檐、瓦口、飞椽等构件糟朽问题，采取揭宽檐头保护技术措施。更换檐头的木构件会涉及檐头的瓦面，需首先拆开瓦面，铲除灰背，待木构件更换完毕后再行恢复瓦面。揭宽檐头对檐部扰动很大，恢复时要注意未被扰动部分的灰背、瓦面与新做灰背、

8

9

10

11

12

瓦面的搭接处理，灰背、泥背要分层压茬，必要时在新旧接茬处再附加一层灰背，要最大限度地减少接茬部分漏雨的风险。宽瓦时也要处理好新旧瓦面的缝隙，确保不漏雨、不渗水。

2.“鼓楼”墙面保护修缮

对于局部酥碱、整体尚好的墙体，采取对局部残损部位进行修缮的方法。墙体表面酥碱深度在 2~3 cm 以内的墙面，采用剔凿挖补的方法进行维修，剔除砖表层的酥碱部分，露出好砖（剔进 5~6 cm 深），将备好的砖条或砖片（一般在 4~5 cm 左右厚），嵌入墙体，用灰浆黏结牢固，待干燥后进行打点，使之与整体保持平整一致。

对酥碱严重的局部墙面（酥碱深度在 5 cm 以上）采取摘砌的方法，即剔除酥碱的砖块，将事先准备好的砖块镶砌在墙上。摘砌采用整砖，挖补采用砖片。摘砌是针对成片的严重酥碱或松散的墙面，挖补是针对表面酥碱的墙面或个别严重酥碱的砖块。

针对墙体存在开裂、松散、空鼓严重，且采取拆砌工期长、施工不方便的情况，可以采取压力（以低压力为宜）灌浆技术予以加固。灌浆材料一般采用水泥浆或水泥、细砂、白灰膏混合料，以及环氧树脂等结构胶。对空鼓墙体的加固应在墙上钻间距为 600 mm 的梅

11、12 墙面修缮
13 CFRP 与结构胶加固工艺

13

花状斜孔，灌浆前用高压气体将砖缝中的灰尘、杂物去除，通过向墙体注入清水来润湿墙体，加强灰浆与砖的结合。对于墙体裂缝的加固，一般在清缝后采取相对较稀的微膨胀浆液，顺着缝隙慢慢注入，让其渗透进墙体，同时及时清洗掉漏出墙面的浆液，以免污损墙面外观，达到必要强度后对墙体表面进行修整和打磨处理。

3. 碳纤维布（CFRP）与结构胶加固

碳纤维以其轻质、高强、可塑性好、耐腐蚀、耐久性好以及施工性能卓越和适用性广泛等特点，在钢筋混凝土结构加固中得到广泛应用。基于这些性能，对于不规则断面的传统木构件开展加固。由于纤维布非常轻薄，加固的木构件经彩绘后，不影响其外观，同时几乎没有增加附加重量。对鼓楼内木制承重构件粘贴碳纤维布，增强鼓楼结构的承载力、刚度与抗震性能，并配套使用环氧树脂复合材料，对其原木质结构既起到加固作用，又能使其长期免受腐蚀，一举两得。

三、文化传承经验

一花独放不是春，百花齐放春满园。鄂州市经过 5 年的老旧小区改造，给人民群众带来了全方位的变化。改造后的小区排水管网畅通了，大街小巷平坦了，活动空间增大了，小区环境靓丽了，居民出行方便了，安全感和幸福感提升了，让人看得见、摸得着的幸福宜居家园正在逐步呈现。在后续的改造中，我们仍将继续努力，将鄂州特色文化融入其中，传承与弘扬鄂州的三国文化、工业文化、钢铁文化及红色文化等。

西安市幸福林带

Happiness Forest Belt in Xi'an City

设计单位： 中国建筑西北设计研究院有限公司

施工单位： 中建三局集团西北有限公司

竣工时间： 2021 年 7 月 30 日

项目所在区域： 陕西省西安市

1

一、项目背景

"幸福林带"项目位于西安市东部的军工产业区，浐河以西，陇海铁路以南，是城市东西主轴线的延伸，多个板块的交会处。其南临曲江，北接浐灞，是城东核心生态区。

"幸福林带"项目的历史渊源最早可以追溯至 1953 年，由苏联城市规划专家设计，主要功能是作为工业区与住宅区之间的防护隔离带，全长 5.4 km，宽 140 m，是西安生态绿地系统的重要组成部分，与大庆路林带、长安路林带、长乐路林带相同，均为同时期的道路林带。此后在西安市的三次总体规划修编中，林带一直被保留，至今坚守 60 年，是西安市老城区内规划保留时间最久、宽度最大的绿化走廊。

幸福路地区位于西安市东郊，其改造建设一直是历届政府和全市人民的共同心愿。近几年，随着全市经济社会的不断发展，特别是浐灞生态区和曲江新

1 "幸福林带"项目实景图

区的开发建设，幸福路区域经济发展和城市环境已明显落后于周边区域。为有效改善西安市东郊地区投资环境，提升城市整体形象，带动区域经济发展，加快实施幸福路地区综合改造的必要性日益突显。

为加快区域经济发展，改善老工业区的生活环境，新城区政府以《西安市国民经济和社会发展第十二个五年规划纲要》实施为契机，以幸福林带建设为切入点，2012 年 12 月审批通过了《西安市幸福路地区总体规划》。该规划以幸福林带建设为契机，提出地区改造发展思路，是在西安建设国际化大都市的目标下，加快区域经济发展、推动西安市东部区域产业转型的重大举措，是对工业更新区发展模式的探索及示范，是提升区域环境品质、改善区域形象的民生工程。

二、施工技术理念及措施

（一）施工技术理念

从 2004 年《西安市幸福林带规划》上报市政府并获批准，到 2012 年 10 月《西安市幸福路地区总体规划》提交，经过 8 年时间的规划，西安市政府明确了“以幸福林带的绿地建设为切入点，统筹考虑片区发展，以保障实施为出发点”的建设理念。幸福林带被定位为整个幸福路地区的主轴，是城东核心生态区、西安市商贸副中心、现代化城市更新示范区、市民休闲活动“新天地”。项目整体规划遵循“一带连贯、两核簇拥、数心联动、片区聚合”的原则。该规划方案牢固树立生态文明理念，按照

2

2 幸福林带位置示意图

“以人为本、惠民利民”的原则和“以林为主、综合利用、合理布设”的思路，综合考虑现代城市未来发展需求，致力于打造品质西安城市建设的样板工程与示范工程，将幸福林带规划建设为城东核心生态区和生态环境美城。

（二）施工工艺及技术措施

1. 保留绿岛施工技术

使用保留绿岛施工技术，可以最大限度地减少水土流失，保护已有大树品种，美化环境，而且不影响城市功能的开发利用。绿岛均为原生土质，该特点结合海绵城市理念可进行深蓄水，种养乔木、槐木等大树品种，提高空气质量，提升城市品质。

保留绿岛施工采用 BIM 技术进行三维建模，进行永临结合临建布置。使用“灌注桩 + 锚索”进行周边支护，以保证绿岛土体稳定。

2. 临时异地苗木迁移技术

幸福林带修建前，该区域存在大量树木。为保留绿色生态及减少资源浪费，在项目南侧郊区修建临时苗木迁移基地。待幸福林带修建完成后，回迁此前迁移出的苗木，保证林带的绿色原貌得以维持。

3. 管线原位保护技术

采用管线原位保护技术对某些暂时不能移动的特殊管线（比如军用光缆、军用电缆、冬期施工由于采暖需要不能割断的热力管道等）进行原位保护。

第一阶段：参考市政单位提供的管线分布图，结合物探仪、钎探、十字探沟等措施进行摸排工作，并将结果反馈至管线分布图上。

第二阶段：利用 BIM 软件，对管线进行碰撞分析，并对设计方案进行深化，确定改迁方案。本工程根据实际情况采用多种原位保护的方式，包括原位架空保护和原位悬吊保护。

4. 节地保护技术

基坑支护采用桩锚体系（支护桩 + 双向支座），减少了基坑土方开挖的放坡坡度，同时减少了土方开挖工作量，保护了土地资源，并减少了对附近道路及建筑物的影响。

5. 膜壳代替木模，减少材料损耗

本工程地下空间负二层顶板的结构形式多采用密肋梁板结构，构件尺寸型号统一，采用定型化膜壳代替传统散拼木模，作为楼板底模、梁侧模和部分梁底模，在膜壳上绑扎钢筋和浇筑混凝土，待混凝土达到强度后拆除膜壳，从而形成密肋梁板。

6. 桥梁工程与周边地下结构物同步设计施工技术

新兴南路立交桥与幸福林带建设工程虽是同基坑施工，但是设计时间、监理监管、业主管理均不同。新兴南路立交桥设计未考虑幸福林带施工，后续幸福林带工程施工需要开挖土方、外露桩基，这将使立交桥设计的摩擦桩摩擦力减小，不能满足结构受力要求。通过多次协调沟通，最终选用下列方法进行施工技术保护。

通过计算出需要开挖外漏的立交桥桩基长度，对桥梁桩基受力体系进行优化。加长桩基长度并将摩擦桩优化为端承摩擦桩，将桩基底部嵌入稳定岩层，以抵偿桩基外漏减少的摩擦力，保持结构稳定。

待立交桥结构施工完毕并达到强度要求后，进行桩基外露处土方分层对称开挖与挂网喷锚分层支护，保证地下空间施工期间桩基不受干扰。地下空间结构施工完成后采用 1 ： 7 水泥土分层、对称回填桩基四周，将桥梁上部荷载更好地向下传递，使得应力分散，以保护结构。

7. 自密实固化黄土回填施工技术

通过细粒黄土、水、水泥、粉煤灰、复合减缩剂的组合，配制满足回填要求的自密实固化黄土，使其具有一定的流动性、强度、抗渗性。通过调试出最优的配合比，结合自主研发机械设备，可使肥槽回填土坍落度达到 190 ~ 240 mm，且经过养护后自密实抗压强度达到 0.2 ~ 0.7 MPa，渗透系数为 4.56 ~ 6.82（10^{-6} cm/s）。回填作业在基坑边或地下室顶板上通过一套自主研发的水泥泵送装置、黄土筛送装置、注水装置、拌和浇筑装置等机械设备，灌注填充预定的回填区域，形成具有自密实固化性能的回填黄土。

3

4

5

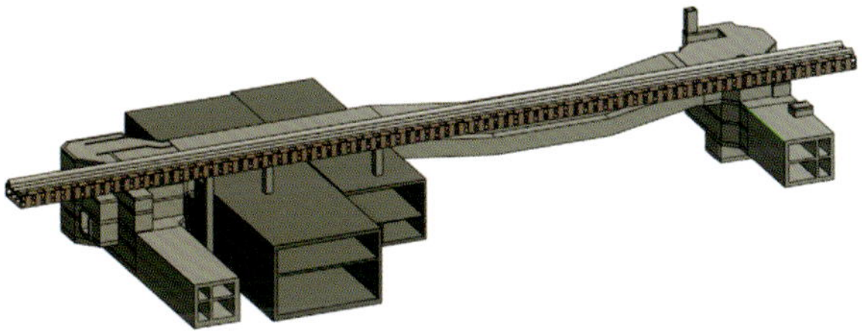

6

三、文化传承经验

（一）军工记忆

通过设立军工主体展厅、军工之基、军工之翼等结构，传播西安军工文化，与林带东侧军工厂相呼应。幸福林带以东为国防军工产业区，主要汇集了昆仑厂、黄河厂、西光厂、东方厂、秦川厂等国防企业及省属企业。

（二）文化传承

大西安地下文物丰富，在幸福林带修建过程中，针对有价值的文物，进行整体发掘，并将其整体放置于所修建的文化馆中，实现古代文化与现代文化的融合。

3-5 现场施工图
6 局部 BIM 效果图

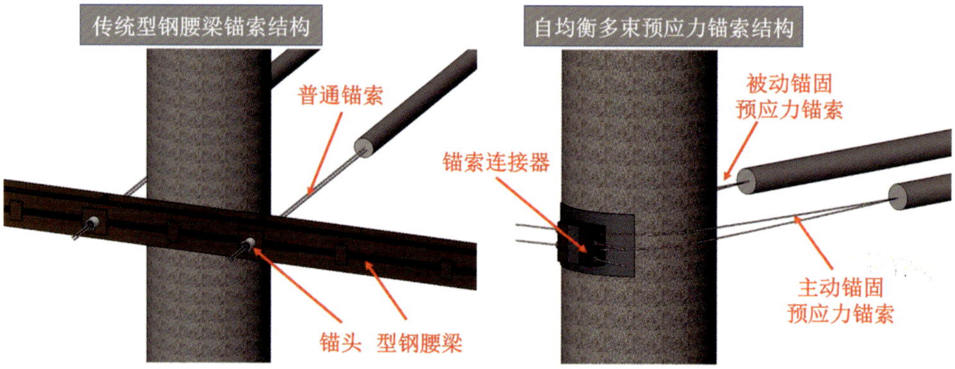

7

8

9

10

11

12

13

7 锚索结构对比示意图

8、9 锚索结构施工图

10、11 密肋梁板结构施工图

12、13 桥梁与周边地下结构同步施工

14、15 军工广场浮雕墙

16 媒体报道

14

15

16

项目自开工以来广泛受到各界关注，国务院国资委官网、中央电视台、新华社总社、环球网、各大卫视等主流媒体对林带建设进行了深层次宣传报道，全面展示幸福林带建设内容，社会各界满意度、周边居民幸福感持续提高。

玉双路及其周边品质提升

Quality Improvement of Yushuang Road and Its Surrounding Areas

设计单位：成都基准方中建筑设计有限公司

施工单位：中建三局集团西南有限公司

竣工时间：2021 年 9 月 10 日

项目所在区域：四川省成都市

1

1 玉双路街口改造效果图

一、项目背景

2021年初，中共成都市委市政府发布了2021年1号文件《中共成都市委 成都市人民政府关于实施幸福美好生活十大工程的意见》（成委发［2021］1号），将推进“城市更新和老旧小区改造提升工程”作为主要任务之一，要求“以天府锦城、一环路市井生活圈和锦江公园子街巷改造等城市品质提升重大工程为牵引，深入推进城市有机更新，全面加速老旧小区、棚户区和城中村改造进程，改善人居环境，提升功能品质，保留城市记忆，让市民家园更有颜值、市井生活更有品味”。

玉双路及其周边品质提升工程就属于意见中提到的打造“一环路市井生活圈”的28个示范片区之一。项目位于成都市成华区猛追湾街道，发包模式为“EPC设计－施工总承包”，以“霓虹灯下的玉双路，品不够的蜀都味”为项目愿景，对玉双路沿线既有建筑物进行外立面整治，并对全长约800 m的街道景观实施整体提升，包含外立面改

2

造工程、街道景观场景化打造工程、泛光工程等。

二、施工技术理念及措施

（一）施工技术理念

改造前，建筑立面材质以涂料、瓷砖为主，风格陈旧且已出现劣化、脏污等问题，装饰面层斑驳老旧，空调凌乱，雨棚、防盗栏的搭建缺乏统一性。

改造前的街区概况具有以下特征：

（1）缺乏公共活动空间，街道生态环境较差；

（2）步行空间被侵占，可互动、可漫游性较差；

（3）街巷文化记忆缺失，建筑风貌老旧破败。

项目在确定“霓虹灯下的玉双路，品不够的蜀都味”的总愿景后，即开始编制社区更新整体规划方案。在此过程中，联动属地社区及居民代表，对设计方案进行交底、讨论，并深入现场进行多方面、多时段宣传及调研，对居民及

2 周边典型建筑原状（组图）
3 玉双路周边建筑业态分布

商家诉求进行汇总及筛选，共同谋划更新方案。

（二）施工工艺及技术措施

1. 建筑外立面改造工艺

贯彻“整体协调、形式多样、满足功能为先”的理念，保留原建筑的特征要素，重塑立面体量关系，工作内容包括：

（1）立面重新分色，清除现状面层材质，并将其替换为软瓷贴面；

（2）逐家入户将现有的外窗更换为断桥铝合金窗，并安装纱窗；

（3）规整空调机位，外墙增设铝单板装饰线条、造型穿孔及镂空铝板；

（4）增加山花、钟楼、屋檐、假阳台等构筑物。

在材料的选用方面，项目选择MCM柔性劈开砖（俗称“软瓷”）代替传统的纸皮砖作为主要的饰面材料。该材料是一种利用城建废弃泥土瓷碴及石粉等无机物为原材料生产的新型环保材料，具有质地轻薄、节能环保、抗污自洁等特点。这些特性有效解决了陶瓷砖、马赛克砖易脱落伤人的安全隐患，

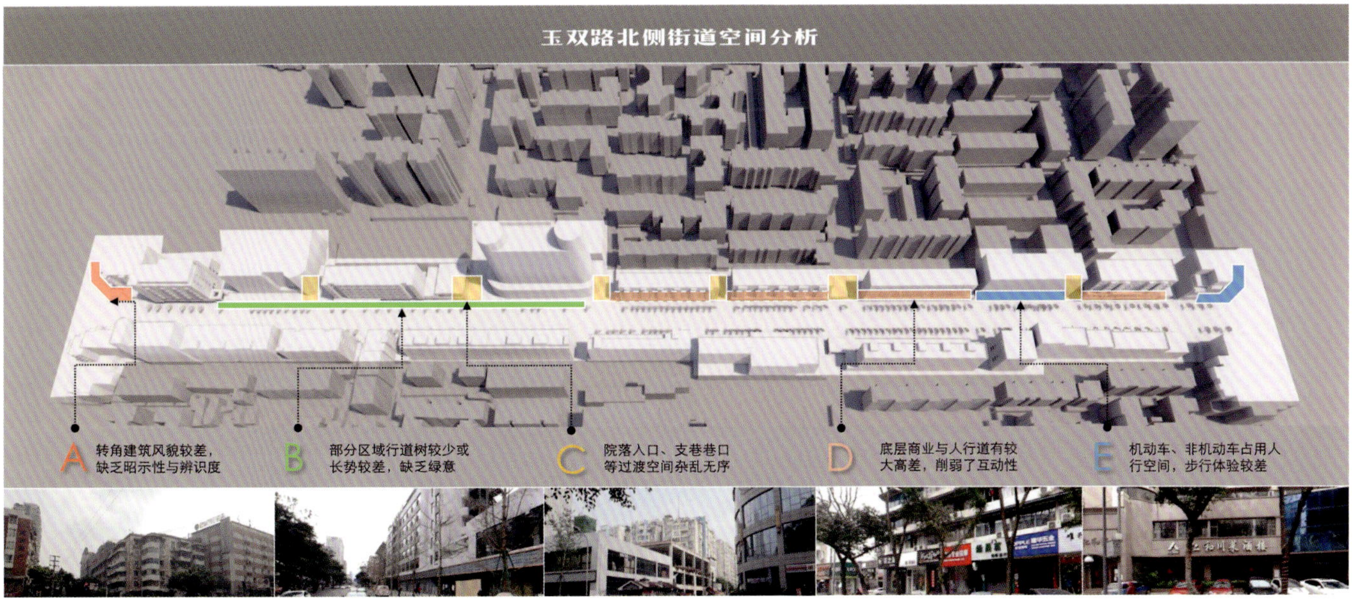

3

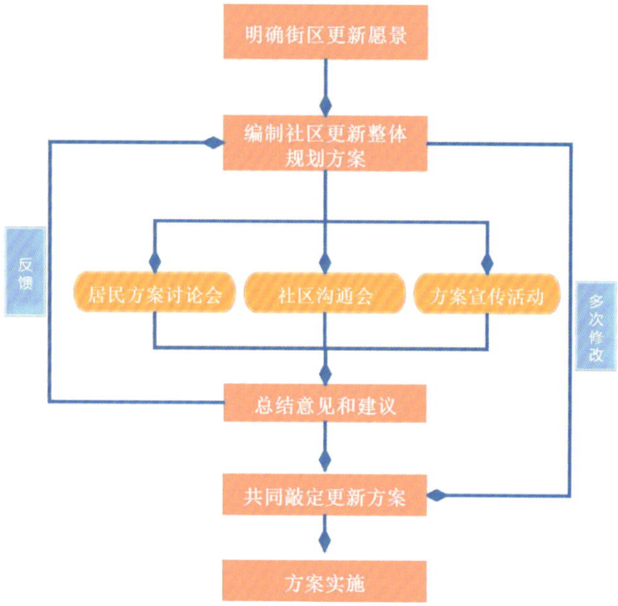

4

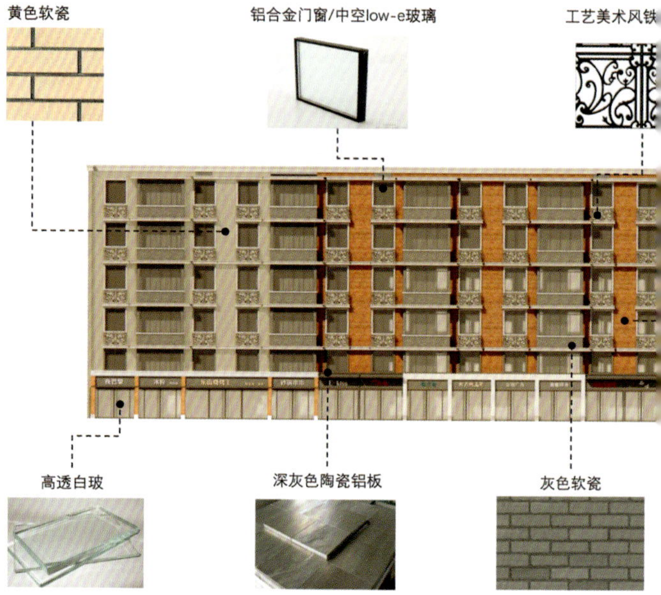

5

尤其适合作为外墙外保温系统的高层建筑和外立面改造工程。

对于外立面新增的空调机位、山花造型等构件，选择单组分水性陶瓷铝板作为原材料，代替了传统的粉末和氟碳喷涂铝板。单组分水性陶瓷铝板整体性能、饰面效果优于氟碳铝板，具有氟碳铝板不具备的耐磨、高光、坚硬等性能，同时如陶瓷般耐久、耐污、耐腐、耐火，目前主要应用于地铁站、高铁站、机场、医院、会展中心、商场及高端住宅建筑等领域，也适用于城市更新外立面改造的提档升级。

2. 既有建筑新增镂空铝板返尺下料工艺

由于各改造楼栋建筑年代久远，设计单位提供的测绘图纸与实际尺寸存在较大偏差，常规新建项目的“依设计图下料”原则已无法满足本工程的铝板下料需求。因此，针对风貌改造项目，以本工程9号楼为例，制定以下铝单板

4 项目实施流程
5 建筑外立面改造主要技术
6 铝板分块平立面标注示例图
7 MCM 柔性劈开砖施工

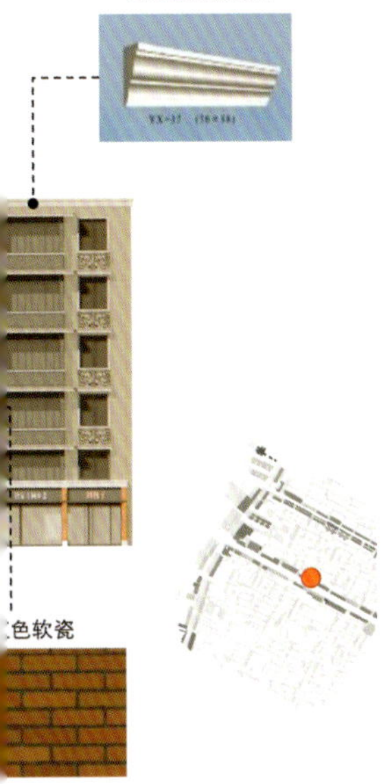

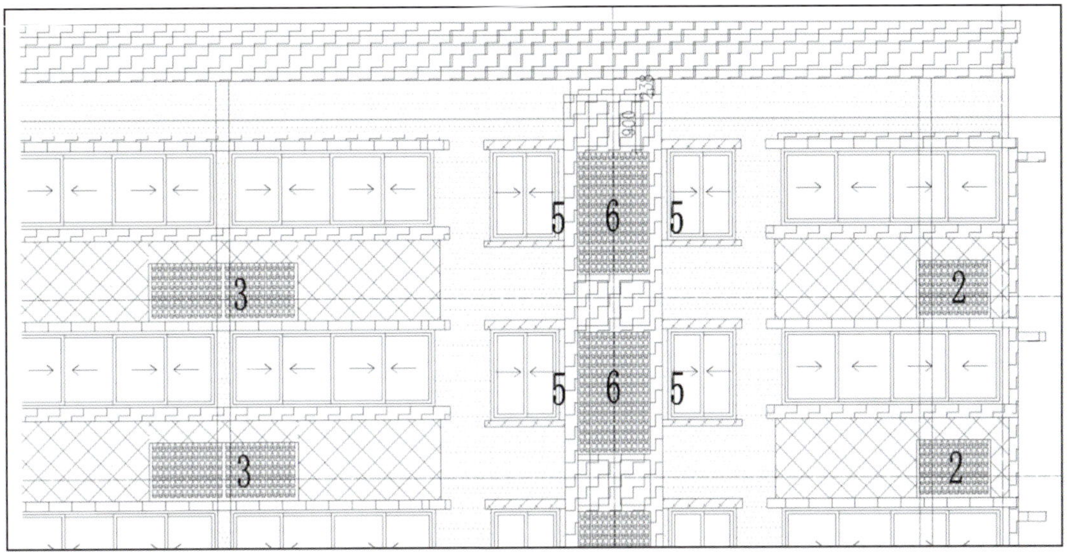

6

7

下料流程及原则：

（1）龙骨安装完成后，由劳务分包单位根据设计方案及图纸，对各部位的构件进行实测实量，并反馈至建筑平面图、立面图中；

（2）铝单板供应厂家必须安排熟悉铝板下料及生产流程的专业技术工程师驻场，根据现场实测数据及铝板原材

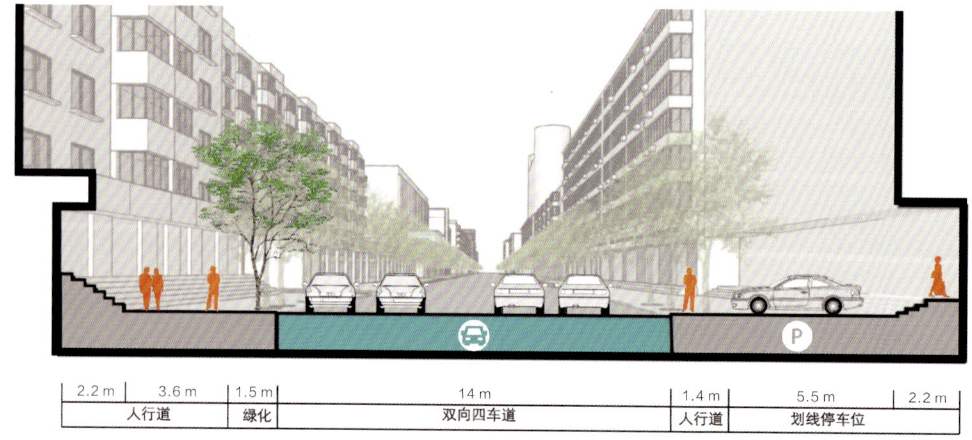

8

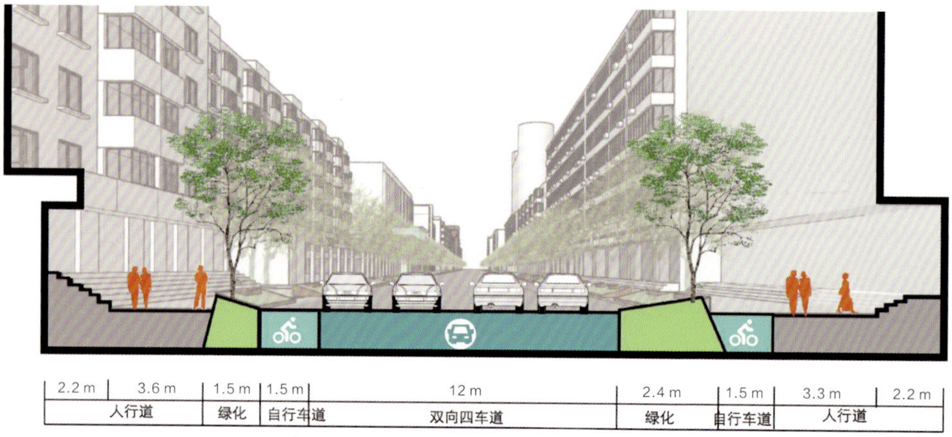

9

8 改造前示意图

9 改造后示意图

10 玉双路泛光照明示意图

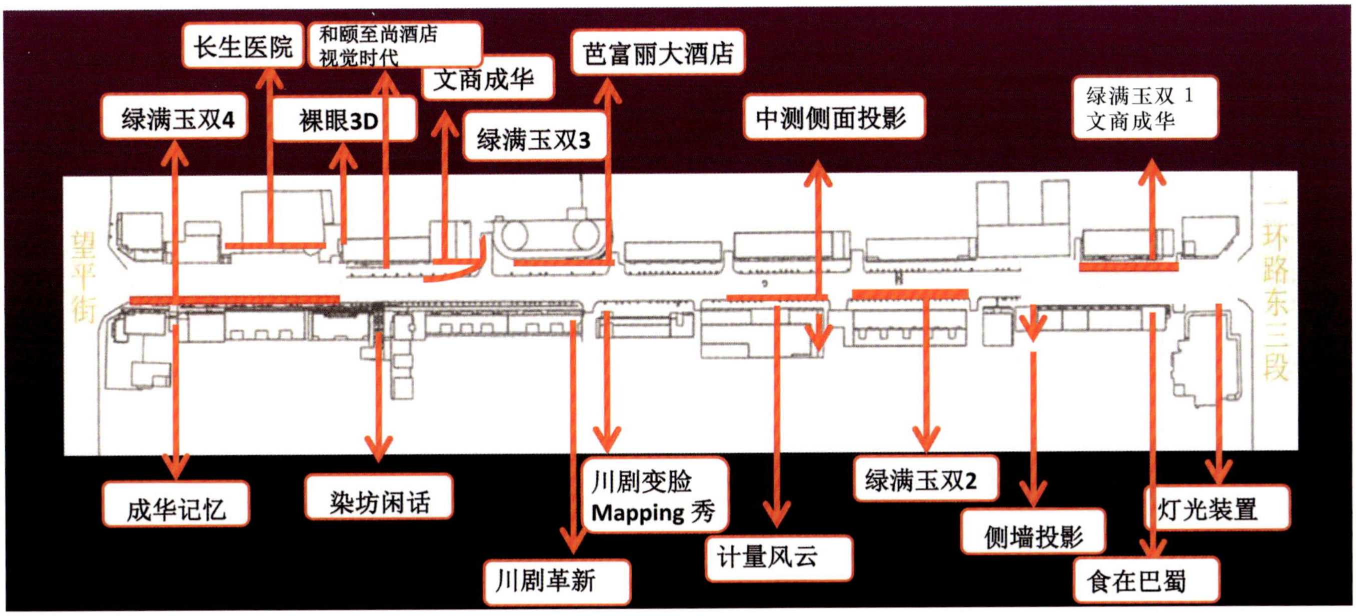

10

尺寸，分楼栋、分楼层、分区域完成铝板分块及编号；

（3）由铝板下料专业技术人员根据铝板分块及编号信息，绘制对应的铝板下料图，并统计列表，由劳务分包单位技术负责人及总包项目技术负责人分别审核、审批签字后交铝板厂生产。

3. 街道景观场景化打造

以《成都市公园城市街道一体化设计导则》为指导文件，秉承“把公园建设融入社区建设，围绕绿化空间，织补绿道网络，按照‘公园 +’的布局模式，形成公园式的人居环境、优质共享的公共服务空间、健康舒适的工作场所，构建绿色出行体系，建设清新宜人的城市街区公园场景”的理念，开展玉双路沿线街道景观场景一体化设计。这种街道与景观一体化融合设计的方式，使二者相辅相成，更加注重功能业态复合与文化特色的彰显，同时也从设计端完成了“从车行为主向公交和慢行为主”的理念转变，明确绿色交通的优先地位，采用人车分流、压缩机动车道宽度等方式，构建绿化、人行、自行车融合交会的慢行系统。

4. 泛光照明工程

如果说白天的玉双路是对历史文化的传承，那么夜晚的玉双路则是现代科技应用与延续的典范。泛光照明工程以“成华记忆”“食在巴蜀”“绿满玉双”等为设计主题，共打造出 13 个光影微剧场，为市民及游客带来沉浸式互动的灯光体验。

在一环路口，设计了“灯光艺术互动雕塑”，白天作为雕塑丰富城市街道景观，夜晚通过红外线及体感探测仪捕捉人的动作，在雕塑上形成互动效果。

作为成华区的鲜明特色，熊猫元素也在玉双路的夜间得到了充分体现，沿线山墙面通过“裸眼 3D 及投影”技术，将熊猫可爱生动的形象呈现给市民；部分墙面还设置了“互动投影”，不仅可以展现熊猫形象，也能让路人与之互动。这里的夜晚也因此热闹非凡。

玉双路夜景提升后，极大地丰富了市民的夜间生活，提升了街道的商业价值。沿线上人潮涌动、商贾云集。地面上不仅有路灯的光，也有欢乐的影。整个玉双路夜景灯光不止于互动灯光，沿线建筑立面也有特色体现。动态流动的立面灯光打破了常规的照明手法，将“城市联动灯光”的概念首次运用到成都的

11 色系示意图

12 故事发展线

13 第二景：染坊闲话主题示意

11

主题景观营造

绿色生态的玉双路新形象
8 绿满玉双
走向开放、交融、创新的文旅时代
7 文旅成华
1 成华记忆
玉双路街区历史文化综述导览
2 染坊闲话
农耕时代市井生活图景
3 川声蜀韵
传统艺术的古韵新生
大院生活氛围，上下班的日常记忆
6 回家路上
玉双路的美食故事
5 烟火人间
4 计量风云
中国测定技术的历史丰碑

12

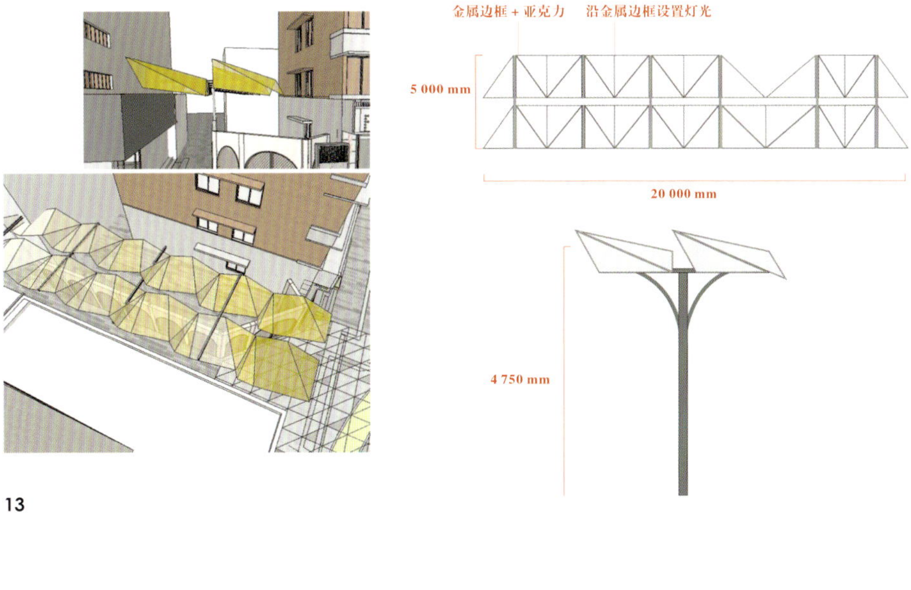
金属边框＋亚克力
沿金属边框设置灯光
5 000 mm
20 000 mm
4 750 mm

13

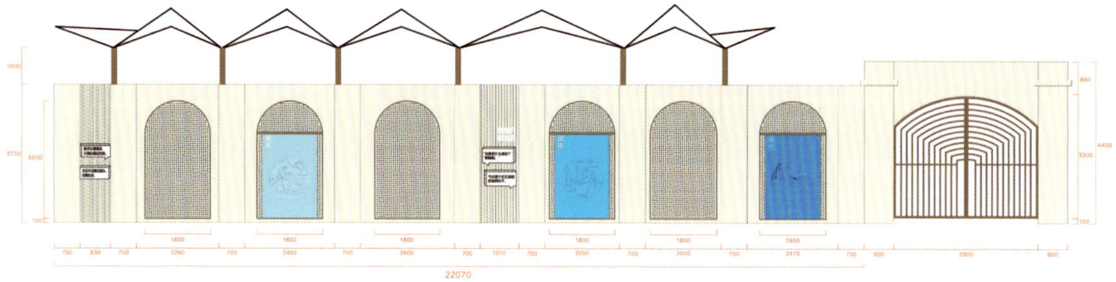

14

街道中，增加了街区的景观活力。

三、文化传承经验

工业遗产包括物质性的显性文化遗产，也包括隐性的人文遗产。它们不仅仅是由砖头和钢铁堆砌而成的物质性遗产，而且承载着一座城市的集体记忆，并体现出一个时代的艺术与文化风貌。

新中国成立以来，成都的工业主要向当时的“东郊”地区发展，经过半个多世纪的积淀，成华区拥有了全市最丰厚的工业文明底蕴，有价值的工业遗迹 14 处，占全市的 50%。红砖房、高烟囱、镂空钢架、火车头等工业遗址在成都市成华区的保护利用中，正焕发出新的生机与活力。而玉双路所在的猛追湾街道，正是东郊工业区的门户，是连接传统成都与工业成都的城市动脉。

在拟订项目改造方案时，设计人员紧扣成华工业历史的特点，从工业建筑中提取特征要素，选择了天府米黄、象牙白、成华红、铁艺深灰及钢架浅灰等五种色系，营造街道的整体氛围。

14 第二景：染坊闲话深化设计效果图

15、16 玉双路游玩指南

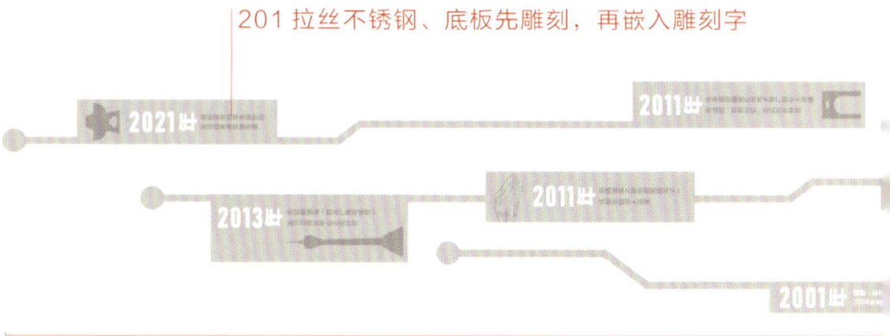

15

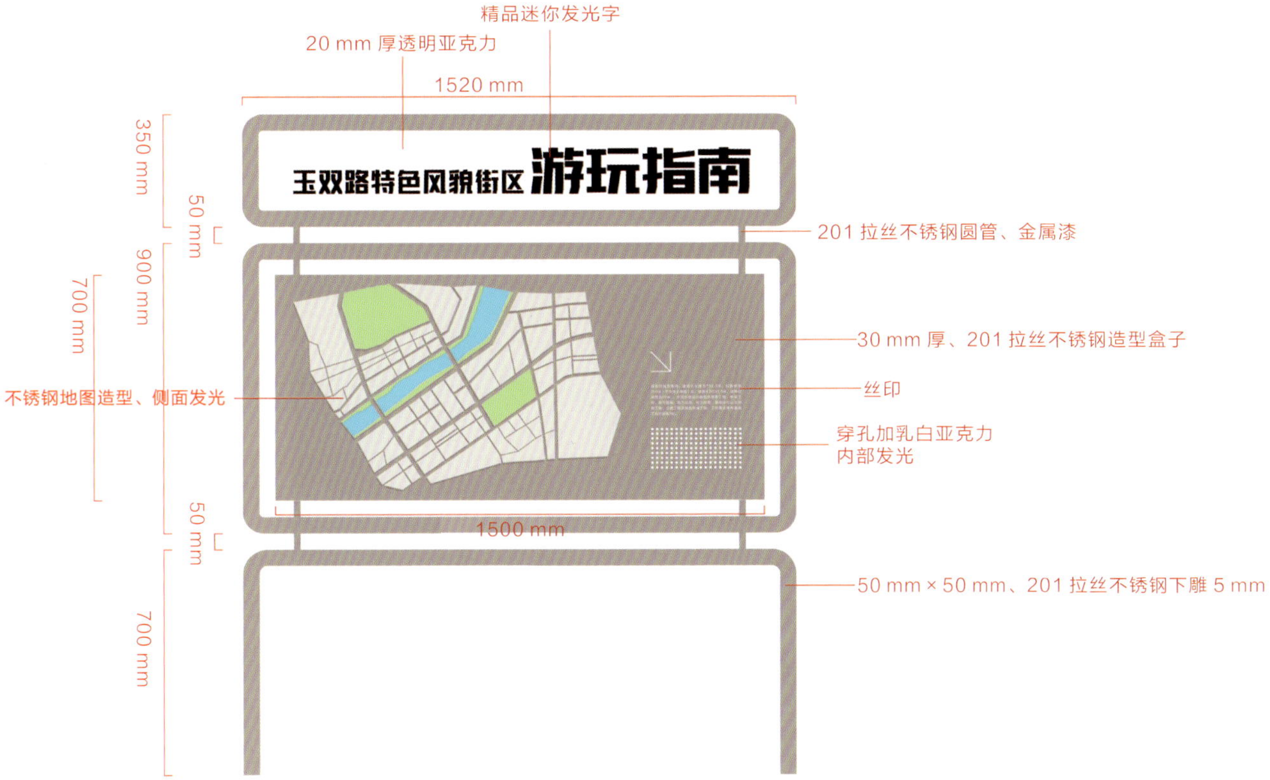

精品迷你发光字
20 mm 厚透明亚克力
1520 mm
350 mm
50 mm
900 mm
700 mm
50 mm
700 mm
玉双路特色风貌街区游玩指南
201 拉丝不锈钢圆管、金属漆
30 mm 厚、201 拉丝不锈钢造型盒子
丝印
不锈钢地图造型、侧面发光
穿孔加乳白亚克力
内部发光
1500 mm
50 mm × 50 mm、201 拉丝不锈钢下雕 5 mm

16

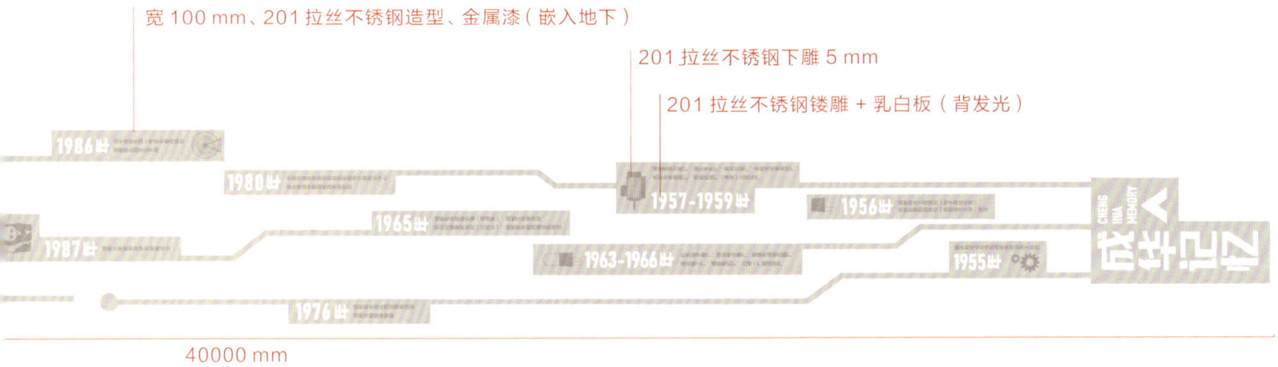

宽 100 mm、201 拉丝不锈钢造型、金属漆（嵌入地下）
201 拉丝不锈钢下雕 5 mm
201 拉丝不锈钢镂雕 + 乳白板（背发光）
1986
1980
1957-1959
1956
1965
1987
1963-1966
1955
1976
40000 mm

17

17 外立面改造工程前后对比图

18 外立面光彩工程改造实拍

18

19

20

为了使玉双路的历史故事得到有效传承，设计人员走访并探寻玉双路的历史沿革，按照慢行空间的交通秩序，依照从古至今的顺序，右行展开两条景观故事线，在 800 m 长的玉双路上布置主题景观节点，打造“玉双八景”。

故事线①猛追湾河滨至一环路，从古代到 20 世纪 80 年代：

农耕文明 – 东郊工业蓬勃时代，从河岸生活、手工艺进化到工业生产。

故事线②一环路至猛追湾河滨，从 20 世纪 80 年代到今天。

工业时代 – 后工业时代，发展文创业，注重绿色、亲近自然。

以“第二景：染坊闲话”为例，此处在清代是一个空坝，因为府河边上的染坊长期在这里晾晒布匹，故而被附近的人们称为布坝子。民国时期，这里逐渐形成街道，并被命名为布坝子街。此主题景观主要展示农耕时代的市井生活图景。

为了使外来游客更好地了解玉双路历史轨迹，玉双路入街处还设置了游玩指南及成华记忆主题地雕。这些文化小品以生动的方式讲好成华故事，做好文化传承。

19 道路改造及街景提升改造实拍
20 街景光彩工程改造实拍

彭州市龙兴寺历史文化特色街区
城市有机更新

Pengzhou Longxing Temple Historical and Cultural District
Urban Organic Renewal Project

设计单位：北京市建筑设计研究院有限公司

施工单位：中建三局第一建设工程有限责任公司

竣工时间：2023 年 6 月 30 日

项目所在区域：四川省彭州市

1

1 龙兴寺历史文化街区实景

一、项目背景

彭州市龙兴寺片区原有低洼棚户1080余户、近3000人，房屋老旧破损，环境杂乱无章，基础设施及公服设施缺失，交通不便，安全隐患突出，居住条件恶劣，群众改造意愿十分强烈。本次城市更新坚持“多留少拆、以人为本、尊重民意”的原则，搬迁国有土地上房屋1080套，采用货币安置及产权调换等方式妥善安置居民，彻底解决了历时10余年的重大民生问题。

在成都“北改”“西控”双战略部署下，彭州城市有机更新是“北改”战略的重要载体。龙兴寺作为彭州的城市标志，是贯穿彭州城市发展历程的核心节点。彭州中心城区形成了以龙兴寺古塔为引领的整体城市形态。为了复兴龙兴寺片区城市功能，以塑造彭州城市文化客厅为目标，彭州市龙兴寺历史文化特色街区城市有机更新项目应运而生。

彭州龙兴寺项目位于彭州市龙兴寺

片区，项目用地面积约 22.1 万 m^2，总建筑面积约 16 万 m^2，其中地下 1 层，局部 2 层，地下室建筑面积约 7 万 m^2，结构形式为混凝土 + 劲性柱；地上由 45 栋非标单体建筑组成，结构形式为钢框架 + 金属屋面及瓦屋面，建筑高度为 7.5~23.5 m，包含市民活动中心、木雕艺术馆、美术馆、展示馆、刘邓潘纪念馆等配套公共建筑。配套市政道路 11 条，路线长约 4.3 km，道路设计等级为城市次干路（2 条）及支路（9 条），道路横断面采用一块板设计，路宽为 7~22 m，路面铺装采用沥青混凝土。项目建成后，将成为彭州城市文化会客厅、全域旅游门户、传统文化道场、公园城市生活典范，成为“城市有机更新”的标杆。

二、施工技术理念及措施

（一）施工技术理念

本项目依托龙兴寺深厚的文化底蕴，通过城市公共空间、文化设施及重要公共建筑的聚集，塑造彭州文化客厅。通过多种文化传承方式深度挖掘龙兴寺片区乃至彭州市的文化内涵，形成汇集佛教禅文化、红色文化、市井文化、民俗文化的传统文化道场。

（1）原地等比复建。A 区（即横街子）作为城市最古老、人员最密集的商业活动中心，综合考虑其建筑年代久远、保留难度大等因素，采用原地复建的形式恢复其旧城商业气息。南边的火神庙因其独特的庙宇意义，采用 1 ∶ 1 方式进行复建，保留周边居民对于美好生活的期盼。

（2）保留加固改造。东南角的仪表厂因其建筑外形较好、空间大、结构基本稳定等特点，采用保留加固改造的方式将其打造为市民活动中心，让市民更加了解、热爱自己的城市。龙兴寺庙后面的女子学校，红砖绿林，紧临龙兴宝刹，禅意文化浓厚，采用保留改造方式将其提升为禅意讲堂及素食馆，弘扬藏传佛教文化。

（3）新建红色记忆。龙兴寺藏经楼二楼是“刘邓潘”起义指挥部的原址，这里拉开了川西和平解放的序幕。项目在 D 区新建了“刘邓潘”纪念馆，通过展示当年通电起义的场景、实物和图片资料，再现那段热血澎湃的历史，使

2

市民铭记城市红色记忆。

（4）古树原地保护。现场摸排古树名木共计 38 棵，通过对《成都市古树名木保护条例》进行详细研究，得出成片多株的古树名木移栽不可取的结论，方案规划阶段将该区域设计为景观绿地，以节约古树移栽和绿地苗木费用，为城市增添一抹历久弥新的绿色。

（5）文物回填保护。龙兴寺项目施工过程中发掘的唐末五代时期彭州九陇县城垣遗址，是四川地区唐五代时期地方城邑考古的重要发现。通过对彭州市唐末五代时期彭州九陇县城垣遗址（夯土墙、马面、两侧包砖及砖铺散水）进行全面勘察设计，制定了以回填保护为主、局部展示利用为辅的保护方案，在保护遗址的前提下，通过对遗址的展示，实现文化价值的传播，提升彭州市当地的文化价值，丰富成都文化底蕴，并形成独特的城市文化品牌。

2 改造效果图

（二）施工工艺及技术措施

城市更新行动并非通过简单拆或建来改善外在环境，而是将城市发展和市井烟火融合起来的城市更新设计与营建。龙兴寺项目通过既有建筑保护改造，融入现代功能与新技术，优化人居环境，完善生活配套设施，打造文化浓郁、安全便捷、景致宜人、充满魅力的公园城市生活典范。

1. 不规则板式悬挑双曲玻璃盒子施工技术

本项目 C5 屋面玻璃盒子是由不规则的 20~45 mm 厚钢板组合而成的，钢材材质为 Q355B。玻璃盒子四周为悬挑结构，外挑 8 m，高度 25 m，造型为双曲板式网格结构。在设备层顶设

3

3 古城墙保护方案

置局部支撑架，采用大型汽车单元件吊装技术，在15.8 m悬挑楼板上设置支撑架，将工厂单元件划分为宽度不超过2.6 m的长方形状单元件，便于加工厂运输至现场；根据现场胎架设置，将工厂小单元在现场拼装为10个大单元件进行拼装吊装。施工中按照选用的方案进行操作，组装和吊装施工均顺利进行，单元件拼装时间为15天，吊装时间为5天，由于前期施工准备充分，单元件的组装和吊装都能够顺利进行，实现了20天完成的工期目标。项目对图书馆悬挑双曲板式网格钢屋面施工进行了总结，为其他场馆上方的玻璃盒子施工提供了宝贵经验。

2. 钢结构仿古建筑屋檐结构建造技术

本项目采用钢结构仿古屋檐建造技术，屋脊部分完全按照古建筑要求进行设计，全部采用铝合金板与铸铁件组成。屋檐以钢结构代替传统的木结构及混凝土结构。该技术的应用在中国建筑史上尚属首例，异形构件数量多，吊装时空间定位复杂，安装精度直接影响工程整体质量。

钢结构仿古屋檐，包括围绕建筑外墙设置的仿古屋檐钢结构骨架、连接在仿古屋檐钢结构骨架顶部的仿古瓦坡屋面、连接在仿古屋檐钢结构骨架底部和外侧的装饰板、连接在仿古屋檐钢结构骨架内的天沟排水系统，以及安装在仿古屋檐钢结构骨架内的泄水孔保护装置。项目仿古屋檐钢结构骨架采用现场下料焊接的方式制作，其他构造由工厂预制并进行现场安装，施工方便，易维护，相比于传统混凝土结构仿古屋檐，无需重新搭设悬挑结构施工支模及脚手架，工序简便，操作安全，可大幅缩短施工周期，环保、节材，可有效降低成本。

3. 仿古建筑开放非嵌缝陶砖幕墙施工技术

本项目陶砖幕墙采用开放非嵌缝系统，分为密实陶砖、凹凸陶砖和镂空陶砖三种类型。该系统主要由竖龙骨、角钢横梁、钢制穿筋和陶砖组成；相邻陶砖间留 10 mm 构造缝，不用抹灰填筑，与传统由砂浆砌筑而成的陶砖幕墙相比，减少湿作业，节约材料，绿色环保；陶土砖墙为分层承重体系，分层高度不大于 500 mm，陶砖通过 10 mm 钢制穿筋与水平承重角钢连接，水平角钢与竖向钢龙骨焊接固定。开放非嵌缝陶砖幕墙结构采用钢结构的龙骨设计，配合钢筋将陶砖串起来固定，具有强度高、耐久性好的优势，部分陶砖幕墙的施工高度达 20 m，相比砌筑陶砖幕墙，单层稳定性更高，安全性能更好；竖向陶砖之间设有深灰色硬质垫块，使得陶砖竖向砖缝的控制具有方便、准确、稳定、不易变形等优点，具有较好的开缝效果；此外，陶砖设有穿筋孔，位于中间的穿筋孔为腰形孔。该设计既能满足陶砖的适用性的需求，也能满足陶砖连接需求。并且上下层陶砖之间通过 3 个穿筋孔的错位对接，可以实现密实陶砖和镂空陶砖两种陶砖形式，3 个的穿筋孔可以组成多种镂空陶砖形式，构成更为丰富和美观的陶砖幕墙。

4. 仿古钢结构小青瓦屋面施工技术

本工程建筑屋面为川西仿古小青瓦屋面，施工流程依次是：钢结构屋面钢梁安装完成后，安装 1 mm 厚热镀锌穿孔钢板四周折边，铺 0.3 mm 厚 PE 隔汽膜和 70 mm 厚保温岩棉，接着安装 50 mm × 50 mm × 4 mm 热镀锌横檩条，上面再铺 60 mm 厚保温岩棉，横檩条上部固定 1.2 mm 压型钢板和 0.7 mm 厚热镀锌找平钢板，接着铺贴 1.5 mm 厚高分子自粘防水卷材，安装 30 mm × 30 mm × 1.5 mm

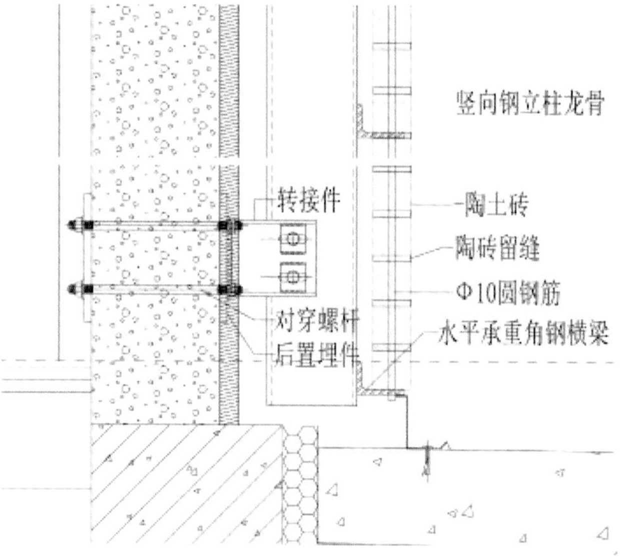

4

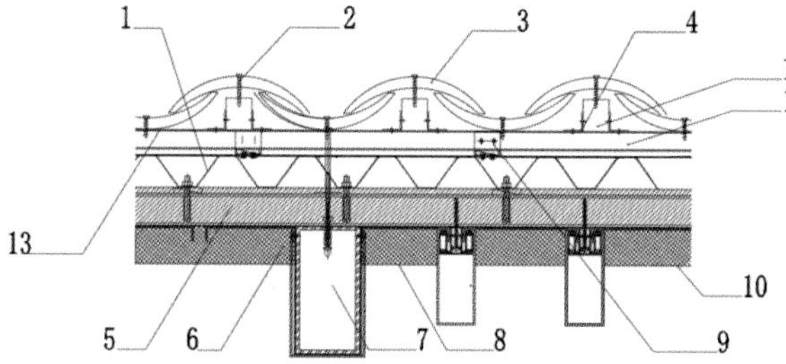

1-压型钢板； 2-螺钉； 3-小青瓦；
4，9-连接钢角码； 5，6-保温岩棉板；
7-主体结构檩条； 8-下沉穿孔钢板；
10-隔汽膜； 11-挂瓦条；
12-顺水条； 13-找平钢板。

5

热镀锌方通挂瓦条，挂底瓦，最后安装 40 mm × 50 mm × 1.5 mm 热镀锌方通顺水条，并挂底瓦和盖瓦。本工程屋面底部采用下沉钢板，四周折边，搭接在檩条两侧，安装高度为主檩条上端往下 70 mm，可以降低屋檐的厚度，同时减少架体搭设措施费用，下沉钢板做法相较于传统兜底钢板做法，具有灵活穿插工艺的优势，有效解决了后期机电安装难度大、后期使用维护困难等问题；干挂青瓦相较于湿作业青瓦，不仅提高了效率，还更好地保护了环境。

5. 仪表厂加固改造再碱化施工技术

仪表厂排架柱中混凝土碳化腐蚀破坏问题严重，结合本工程修复加固工程特点，创新性地提出了老旧工业厂房的钢筋混凝土结构电化学再碱化阻锈缓蚀修复技术。该技术在再碱化电解质液中引入电迁移型阻锈剂，将迁移性再碱化与阻锈技术有机结合起来。碳化混凝土再碱化是由阴极钢筋处电化学反应所致，钢筋混凝土在电位的作用下，阴极反应产物 OH^- 由钢筋向混凝土表面迁移，阳离子型缓蚀剂和碱离子在电场的

4 非嵌缝陶砖幕墙节点示意图
5 小青瓦屋面结构示意图
6 仿古小青瓦屋面呈现效果

作用下迁移到钢筋的表面，起到阻止钢筋进一步锈蚀的作用。阴极钢筋处产生的 OH^- 除迁移一部分外，还有一部分 OH^- 滞留在钢筋周围的混凝土，使得钢筋周围碳化混凝土 pH 值升高，达到再碱化的目的，从而延长仪表厂结构构件的使用寿命。电化学再碱化阻锈缓蚀技术是一种高效、经济的修复方法，其修复成本低、施工简单，对原结构无损伤、耐久性好、环境友好，与传统的材料填充技术相比有明显的经济效益和社会效益，对响应国家“双碳”政策具有极其重要的意义。

三、文化传承经验

通过区域城市更新和改造设计，龙兴寺片区在后期能够同时展现时代变迁的“故城气质”和充满烟火气息的“市井气质”。通过拆、改、留的处理方式传承当地佛教禅文化、红色文化、市井文化、民俗文化；通过融入现代功能与新技术，完善配套设施，功能活化，打造文化浓郁、充满魅力的公园城市生活典范。

6

鹰潭外立面综合改造

Comprehensive Renovation of the Exterior Facade of Yingtan

设计单位：天津市市政工程设计研究院

施工单位：中建三局集团有限公司工程总承包公司

竣工时间：2021 年 8 月 31 日

项目所在区域：江西省鹰潭市

1

1 鹰潭外立面改造实景图

一、项目背景

为提升城市品质，增强鹰潭市文化软实力，鹰潭市组织编制了《鹰潭市城乡总体规划（2015—2030年）》，提出了“中华道都、世界铜都、智慧新城”的城市发展目标。鹰潭市城市功能与品质提升（一期）工程即是对市委、市政府“魅力鹰潭幸福家园三年行动方案”的具体体现，力争将项目段打造成开放便捷、尺度适宜、配套完善、邻里和谐的城市街区。

鹰潭市城市功能与品质提升（一期）工程位于江西省鹰潭市月湖区信江两侧的老城片区及信江新区，涉及建筑立面、道路、交通、景观、亮化、老旧社区及背街小巷等提升改造，包括21栋立面改造、19.7万m^2社区改造、24.3km市政工程、27.6万m^2景观改造，是鹰潭市目前体量最大的旧城改造工程，目标是建设江西省首条生态智慧景观大道。

2

2 悬挑点支承玻璃幕墙安装效果

3 破碎机共振施工

二、施工技术理念及措施

（一）施工技术理念

在该项目中，为提升人居环境品质，鹰潭市将海绵城市建设与城市更新、城市功能与品质提升、老旧小区改造、幸福河湖建设等工程有机结合，全面提升城市基础设施和城市环境，显著改善了城市人居环境，提升了城市品位，群众幸福感明显增强、满意度明显提高。在城市更新理念的指导下，该项目以胜利路、梅园大道和龙虎山大道主体及沿线改造工程为主线，对其进行重新定位。在功能上，胜利路被定位为延续鹰潭老城记忆、体现鹰潭道都文化的老城主街；梅园大道被定位为探寻鹰潭工业历史、体验铜都文化、联通贵溪城区的文化通廊；龙虎山大道被定位为展现鹰潭城市形象的景观门户大道、迎宾大道。在形象上，胜利路、梅园大道和龙虎山大道分别被定位为“慢城新貌、道韵自然”“工业新风，创客新城”和“舒朗大气、高端现代”。在风格上，胜利路、梅园大道和龙虎山大道则依次被定位为“建筑优雅新中式，景观现代商业，夜景精致靓丽”“建筑现代工业风格，景观极简精致，夜景灵动智能”以及“建筑简约现代，景观动感时尚，夜景恢宏大气”。

（二）施工工艺及技术措施

1. 超长悬挑点支承玻璃幕墙施工技术

鹰潭市中心广场建筑外立面改造根据造型和功能要求，需采用超长悬挑点支承玻璃幕墙技术施工，但经常受到场地等因素约束，同时在改造过程中需保证底层商业的正常运营。悬挑玻璃幕墙由于自重或空间占用等因素，无法适用传统实腹钢桁架支撑，采用 H 型钢和 K 型钢管桁架相结合的施工工艺，能有效解决上述问题，成功完成安装任务。本工艺首先通过 Ansys、Midas 等有限元分析软件对 K 型钢管桁架与原有结构进行受力分析，得出不同断面钢构件加工图；然后将 H 型钢采用吊装的方式与上下两层后置埋板焊接安装，使用螺栓连接 K 型钢管桁架与竖向幕墙主龙骨；最后完成点支承玻璃安装，包括爪件安装、玻璃安装、打胶清理等内容。

2. 旧水泥混凝土路面共振破碎施工技术

共振碎石化是一种旧水泥混凝土路面改造的技术。利用该技术可实现旧水泥道路混凝土路面原位破碎，直接碾压

3

作为道路水稳层，达到施工速度快、节材环保、减轻甚至杜绝道路病害问题的效果。鹰潭市梅园大道老旧道路改造过程中应用共振破碎技术，其核心原理是利用共振破碎机引发水泥混凝土路面板共振，使其共振破碎成道路水稳层的碎石，然后碾压密实，直接作为道路的水稳层。共振破碎机的特制振动梁在偏心轴的驱动下，产生 40~50 Hz 的低频振动谐波。支点和配重点振幅为零，破碎头以高频低幅（20 mm）敲击混凝土路面，混凝土内部因剪切力而产生斜向裂纹，并随着振动迅速而有规律地扩展至水泥混凝土路面边界。由于冲击力较小，且裂纹只扩展到边界，所以对基层没有任何损害。路面改造后使用寿命长，节约维护成本。

3. 沥青路面现场热再生施工技术

沥青路面现场热再生技术是一种具有国际水平的老旧道路改造技术，采用就地加热、翻松、搅拌、摊铺、压实等连续作业，一次成型路面，具有经济、高效、快速、环保、节约等优点，带来显著的经济效益和社会效益。鹰潭市胜利路（五湖路至龙虎山中大道）采用就

4

地热再生技术，其原理是将铣刨后的旧路面沥青混合料就地进行集中破碎，针对路面各层结构质量要求，重新进行配比设计，确定旧沥青混合料掺加率，并按照一定比例，与其他材料进行均匀拌和，如新沥青材料、新集料等，从而构成新的沥青混合料，并重新铺筑沥青面层。采用此类养护施工方法，能有效补强路面基层，并对基层病害进行有效处置，从而延长道路使用寿命。

4. 透水铺装材料应用于城市更新工程施工技术

随着环保意识的加强，我国更加注重生态环境协调发展。近年来，城市更新工程往往会融入海绵城市建设的设计

4 沥青路面现场热再生施工

5 透水铺装人行道完工效果

理念。目前，主要使用的透水铺装分为两大类：一类是现浇整体铺筑，比如透水混凝土、透水沥青混凝土、聚合物混合料大孔隙透水铺装（PPM）等；另一类是预制件铺装，比如混凝土透水砖、陶瓷透水砖、聚合物砂基透水砖等。整体现浇铺筑施工速度快、造价较低、选择范围广，能够与周围环境协调统一。其中彩色透水混凝土、透水沥青混凝土、聚合物混合料大孔隙透水铺装（PPM）在人行道和广场的铺筑中应用较为广泛。预制件铺装包括混凝土透水砖、陶瓷透水砖、聚合物砂基透水砖等。混凝土类透水砖和陶瓷类透水铺装均采用大孔隙透水结构，透水速率快，但无过滤功能。聚合物砂基透水砖具有微孔渗滤功能，路用性能较好。鹰潭市梅园大道、沿江路人行道采用了透水混凝土与砂基透水砖两种透水铺装材料，整体风格与周边环境形象有机融合。

5

三、文化传承经验

胜利路是鹰潭市老城的主要商业街道，人流量大，城市空间尺度宜人，沿街建筑形式以多层商住为主，立面老旧情况严重，东湖公园至龙虎山大道有架空管线，需入地处理。全段道路宽度狭窄，车流量大，周边景观有待提升。

梅园大道是鹰潭老城通往贵溪工业区的一条主要道路，也是铁路木材防腐工业的旧址所在地。沿街建筑主要以行政办公建筑、商住酒店为主，城市空间尺度较老城区有所扩大，绿化带面积较大，但是缺乏文化特色。

龙虎山大道是鹰潭市南北向的城市主干道，连通信江新区、老城区和高新物流区。沿街建筑多为山墙面临街布置。鹰东大道至信江段道路两侧建筑较少，景观较为丰富，建筑主要集中在信江至

320国道3.8 km路段内。其中铁路至320国道段沿街两侧绿化带较为宽阔，适合展示门户景观风貌。“涟漪旋其中，雄鹰舞其上，揽信江之隽秀，享道家之仙境。”鹰潭市位于江西省东部偏北，信江中下游，气候温和，四季分明，同时也是重要的交通枢纽城市。境内龙虎山是古典名著《水浒传》开篇所描绘的古今名山，以丹霞绝美、道宗绝圣、古越绝唱、阴阳绝妙而闻名海内外，是世界自然遗产地、世界地质公园、国家5A级旅游景区，角山古陶窑文化、道文化、心学文化、鬼谷子文化、古越文化、红色文化在此交相辉映。通过此次综合改造，将相关道路打造成道路安全畅通的绿色生态景观走廊，并结合智慧新城建设，增加了智慧便民设施，将沿江路打造为鹰潭第一条智慧大道，助力鹰潭市以“智慧美城”“世界铜都”“中华道都”“城乡融合”为发展定位，打造为区域性综合枢纽城市，加快建设“智铜道合、强富美优”新鹰潭，奋力谱写新时代江西改革发展新画卷的鹰潭篇章。

6 梅园大道改造前后对比（组图）
7 沿江路改造前后对比（组图）
8 中心广场至邮电大楼改造前后对比(组图)
9 中心广场至国贸商厦改造前后对比(组图)
10 火车站站前广场改造前后对比（组图）

6

7

8

9

10

天津银行后台运营中心大楼维修改造

Bank of Tianjin Background Operation Center Building Maintenance and Reconstruction

设计单位： 中科院建筑设计研究院有限公司

施工单位： 中建三局集团有限公司工程总承包公司

竣工时间： 2022 年 9 月 15 日

项目所在区域： 天津市

1

一、项目背景

在我国致力于加快形成以国内大循环为主体、国内国际双循环相互促进的新发展格局的背景下，中央政策不断升级，城市更新上升为国家战略。

天津银行后台运行中心大楼维修改造项目位于天津市河西区友谊路15号。用地西临友谊路，与国鑫大厦、友谊商厦、鑫银大厦相邻，北侧为增进里小区，东南侧与增强里社区相邻。天津银行后运行中心大楼为一类高层民用建筑。建筑由主楼、附楼、配楼三部分组成，通过裙房连接，层数为地上29层，地下3层。天津银行项目作为国内体量较大的既有结构改造类项目，施工内容涵盖混凝土结构拆除、结构加固、结构加建改造、外立面全面改造等多个方面，且项目位于城市中心，距环保国控点仅500 m，文明施工和环境保护压力极大。

1 天津银行后台运营中心大楼实景图

二、施工技术理念及措施

（一）施工技术理念

改造设计从视觉效果、城市风貌、艺术风格和设计手法几个方面入手。通过构图、比例、材质、形式等设计手段，融合了“Art Deco”风格，同时尊重、汲取和融合了多种文化元素，将旧有建筑的立面表皮与现代社会发展需求紧密结合，以便更好地激发人们对城市外立面视觉设计的共鸣。

外立面以米黄色石材为基调，外墙面上开设竖向条窗。竖向线条的设置加强了建筑形体的高耸感，同时在顶部进行增补设计，形成上下统一的界面，外观形象干净整洁，高耸向上，在街面处形成直刺苍穹的挺拔形象。

底部方形的主体与顶部方形的设计完美融合，上下和谐统一；附楼与主楼呼应，更好地衬托主楼地位；主楼及附楼通过通高的玻璃中庭相连，中庭与天津银行标志中的“S”相呼应，代表服务功能以及融会贯通；配楼为停车楼，虽然没有采光需求，但是为了避免采用大面积实墙面会对城市道路造成压迫感，同时为解决通风问题，设计适当采用了镂空百叶处理。

临街入口处采用通长的室外平台和错落的花池，形成开阔的对外城市界面；主入口居于平台中部，采用大面积竖向分格的玻璃幕墙，幕墙外设置现代简约的玻璃雨棚，整体入口形象现代时尚，简约高贵。

同时，在对室内空间整合的过程中，对已经存在的空间格局和物体进行改造和再利用，并非将这些新旧要素简单地叠加与罗列，而是结合空间的使用需求满足多样化的室内设计，从而将这些元素整合成为一个新的整体，实现共存，遵循了共性、个性、实用性和美观性原则。

（二）施工工艺及技术措施

1. 基于“新旧协调”理念既有高层建筑功能提升设计关键技术

本技术主要在外观融合设计、功能提升设计、空间点云扫描助力设计等方面进行创新。总结了“Art Deco”风格与“融合 + 利旧”的既有高层建筑外观提升设计技术，基于“空间、节能、机电、消防”提升需求的既有建筑改造建筑设计技术，基于功能提升需求的既有建筑改造结构设计技术，利用空间点云扫描实现精细化设计等。

（1）以功能需求为引领，“新旧协调”为理念，立足城市风貌，采用“Art Deco”风格设计手法，并充分考虑既

2 立面效果图

3

3 贵宾接待室发光顶棚照明

4 原金属屋面

5 改造后金属屋面及外墙效果图（组图）

6 典型“Art Deco”建筑设计风格

有建筑的原有建筑和结构特点，在满足功能需求的前提下，利用空间布局升级和内部系统化改造的手段，实现既有高层建筑的科学改造。总结出一套适用于既有高层建筑功能提升的设计方法，为后续类似工程提供借鉴和参考。

（2）以结构提升为支撑，通过结构检测与鉴定寻找既有建筑的结构缺陷，通过加固补强型结构改造、附加补强型结构改造、独立型结构改造的结构设计技术，建立计算模型对比分析加固前后的受力性能和构件承载力，实现结构的科学改造与提升。

（3）通过将空间点云扫描技术应用于既有建筑功能提升改造设计中，快速建立既有结构的三维模型，并与既有图纸进行直观对比，解决原有归档资料缺失、精度不足的问题，实现既有建筑功能提升的精细化改造设计。

2. 基于“低碳环保”理念既有高层建筑功能提升施工关键技术

本技术将低碳、绿色建造理念贯穿施工全过程，通过绿色环保理念与先进施工技术的结合，统筹拆除与改造施工，应用多项适用于拆除改造施工的降尘、提效、围护措施。

从楼体优化设计、低碳建材选择、

4

5

废弃材料回收三方面落实低碳节能理念。

综合考虑地理位置、自然环境等因素，充分利用光照和通风条件，充分利用既有构件，在满足功能需求的前提下，尽量减少对原有构件的拆改，最大限度利用既有结构。通过计算可知，每利旧 $1m^2$ 建筑面积的既有结构可节约 0.4~0.6 t 碳排放，每台大型设备利旧可节约 12~25 t 碳排放。

6

在选择建筑材料时，尽可能使用在力学性能、耐久性和耐腐蚀性方面表现更突出的新型、高性能环保建材。例如每米热轧无缝钢管比聚乙烯管碳排放量多约 18.5 kg。

3. 节能及智能化改造提升

本工程采用双表皮结构及高性能中空 Low-E 玻璃实现外保温性能提升，在不破坏原有建筑墙体的情况下，在原始围护结构外侧附加一层新的玻璃材质表皮，两者之间预留一定距离的空气腔，从而缓冲建筑室内与室外的热量交换。采用“6 双银 Low-E+12Ar+6（无银

Low-E 膜）中空钢化 Low-E 玻璃”，其传热系数达到 1.22，玻璃幕墙、窗的整体传热系数可达到 1.85。

在智能化节能技术方面，通过物联网传感器和终端设备可以实时采集建筑物内的温湿度、人员分布、热源分布和能耗分布，可以准确地分析建筑空间内的负荷需求，及时发现运维管理的弱项和盲区，通过空间模型的数据分析，实现能耗的精细化管理。通过暖通空调系统故障诊断可以实现设备检测与维护，优化空调系统运行，达到节能低碳的效果。

三、文化传承经验

开埠百年，天津一直与世界接轨，其建筑风格也与时俱进。随着新时代城市建设迅猛发展，现代化建筑与历史文化建筑在这里交相辉映。

7、**8** 双表皮结构及高性能中空 Low-E 玻璃

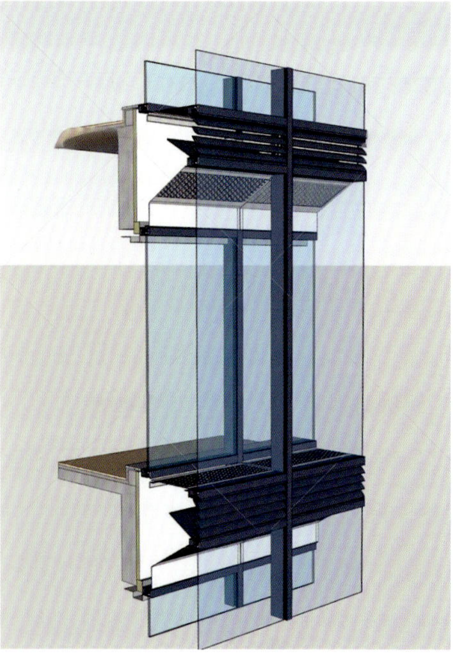

7

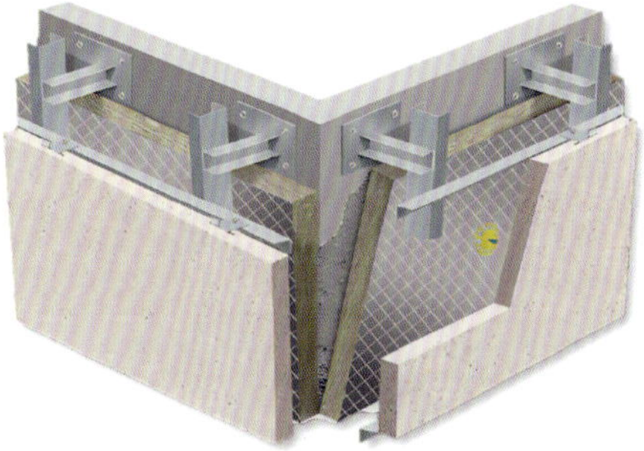

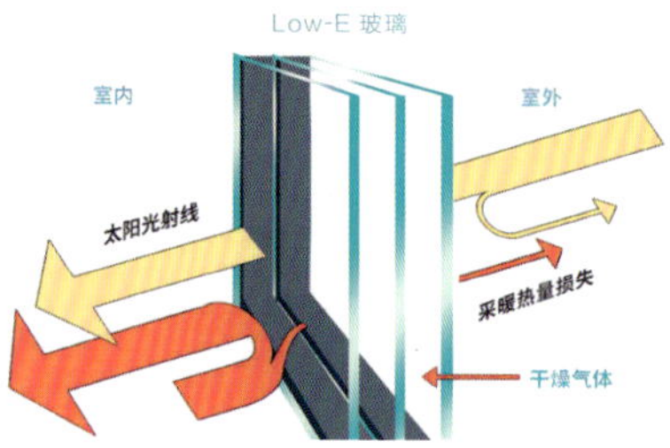

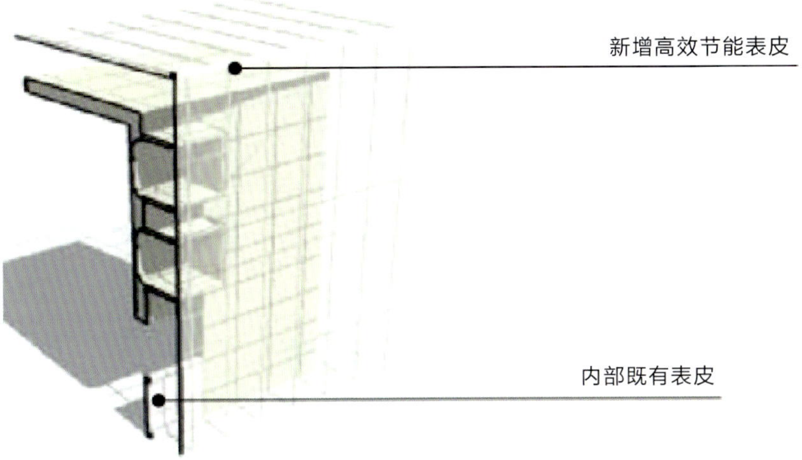

8

项目位于天津城市文化区域中心，东侧、北侧5km内为旧时租界地区，现存百幢不同风格的历史建筑，西侧3km内坐落着南开大学和天津大学两所高等学府，独具人文气息；南侧2km范围内有天津市政府、文化中心，面向未来、朝气蓬勃。

天津银行项目秉承“新旧协调、和谐统一”的理念，建筑高度与改造前的高度进行协调，展现出动人的天际线；与周边城市环境恰当地呼应，风格与大环境融合，形成相互衬托的呼应关系，特别是建筑的立面风格与对面的大厦风格相得益彰。

整体的石材幕墙、玻璃幕墙、铝板幕墙穿插搭配，体现了对材料运用的成熟驾驭能力，在有效利用玻璃幕墙强可塑性的基础上，设计选取了“厚重”元素作为整面幕墙的主题，通过石材来模拟自然山石的纹理，使人们由远及近地欣赏时能够感受到“庄重”的氛围，而这样的肌理也传达出独有的现代银行稳重的氛围。

文化传承 Cultural Transmission

湖北省博物馆

Hubei Museum

设计单位：中信建筑设计研究总院有限公司

施工单位：中建三局集团有限公司工程总承包公司

竣工时间：2021 年 10 月 19 日

项目所在区域：湖北省武汉市

1

一、项目背景

湖北省博物馆位于武汉市武昌区东湖路，东湖以北。作为中央与地方共建的八家国家级博物馆之一，湖北省博物馆是湖北省最重要的文物收藏、保护、研究、展示、教育机构，馆藏青铜器、漆木器、曾侯乙编钟等楚文化代表性文物，是当代弘扬荆楚文化的阵地和展示荆楚文明的窗口。

湖北省博物馆依托大型公共服务设施，通过仿效楚灵王湖畔章华台，在武汉东湖建造一组以覆斗造型为特征的现代版“高台建筑”，以此彰显博物馆建筑的楚文化特色，再现荆楚文化灵魂。其中，三期建筑以“鼎盛江城，楚韵基石”为核心理念，从形体、空间、装饰及功能四个方面体现湖北省博物馆特有的文化内涵。

湖北省博物馆总建筑面积约 11.4 万 m^2，主要分为老馆和新馆两个大区，北区主要为一期、二期保留馆区，总建

1 湖北省博物馆全景图

2

筑面积为 4.6 万 m^2。其中综合陈列馆最大建筑高度为 37.85 m，地上四层，屋顶采用仿古琉璃瓦屋面，并配以干挂花岗岩屋脊线条，表现了优雅细腻的古韵建筑工艺。

南区主要为三期新建馆区，包括文物展览大楼和“三中心”（旅客接待中心、文物保护中心、文物研究中心），总建筑面积为 6.8 万 m^2。其中文物展览大楼建筑面积为 47 010 m^2，建筑高度 28.4 m，地上四层，地下一层（局部地下四层），内部共设 8 个大型展厅、1 个编钟演奏厅、1 个库房区域及其他配套功能房间，并通过二层以上的连廊与老馆相连。文物展览大楼属于大型博物馆工程，“三中心”属于配套办公建筑。

2 “簠”的造型外观

3、4 展厅门厅图

3

4

二、施工技术理念及措施

（一）施工技术理念

1. 楚文物造型的建筑再现

老馆和新馆各自蕴含寓意，但在空间上又是一个整体，造型外观的灵感源自楚文物“簠”，两者相互融合后刚好能够呼应楚文物造型需求。在新馆屋顶设计了大面积平屋顶，并通过将屋顶功能房间向下内凹，巧妙设置局部夹层、内设转换平台、取消出屋面楼梯间等方法，避免出现屋面小房间，实现屋面整体外观平整以及新老馆屋顶的上下相合。从南侧望去，新馆与老馆整体造型如同“楚屈子赤角铜簠”，此器为方形，上有盖，盖与器形状相同，合成一体，新老馆的屋檐三个檐口如同簠一样严丝合缝地叠在一起，如同三个大屋檐“扣”在新馆鼎字形屋顶上。

2. 楚文化图纹和色彩应用

本工程提取馆内藏品青铜鼎上的纹样“夔纹”，将其融入建筑外立面、各展厅的门头、旋转楼梯、屋顶等处，这些纹路是新馆的点睛之笔，既体现楚文化神韵，又延续博物馆的历史特质。提取楚人钟爱的“凤纹”，将其运用到室内展厅等面层装饰。提取青铜器上的“铜色”、漆器上的“黑色”和“楚红”色，将其用于室内颜色搭配；提取楚式建筑造型并将其延伸，形成室内设计的重要元素。进入大门，仿佛穿越时空，梦回楚国。

3. 大型博物馆展陈空间布置

博物馆根据不同主题展览进行了科学合理的叙事结构安排，并结合建筑空间和展陈内容进行布展；对区别于普通照明的展厅照明技术进行了关键控制因素研究；分别控制展柜中适宜文物的温湿环境和展厅大空间中适宜游客的温湿环境，保证达到各自适宜的最佳环境。

4. 大空间结构的广泛应用

由于整体规划、环境匹配和新老馆协调的需要，新馆的高度受到限制。考虑到博物馆中实际功能的需要，在建筑设计过程中充分考虑了后期的展陈需求，进行了合理的建筑空间规划（比如曾侯乙系列不仅编钟体积大，而且文物量大，导致空间需求大）。为保证开阔的使用面积和较高的展厅净空，同时最大程度减少建筑空间对于后期布展的影响，展厅部位均采用了大空间密肋梁板结构体系。

5. 结构设计对于造型的适应

为了构建外观造型，老馆的屋面采用了坡屋面形式，新馆的外墙采用了倾斜墙板。老馆屋面均为现浇混凝土坡屋面结构，尤其综合馆的大斜屋面坡度达到了 38.66°，所有坡屋面全部采用琉璃瓦装饰面层。新馆也考虑到建筑内部功能空间围合的需要，两侧外墙板向外倾斜，设计了倾角达到 72° 的混凝土墙板。

5

6

5 饕餮纹外立面

6 展厅空间布置

7 大空间展厅布置

8 老馆坡屋面原状

7

8

6. 复杂中庭的核心空间功能

文物展览大楼的中庭通过两个仿树形结构支撑屋面，保证了博物馆中庭的开阔。中庭上空设有两组共 12 个六向钢套筒梁节点，每 6 个节点通过钢套筒混凝土斜柱将荷载传递至钢管混凝土立柱上。该区域也布置了钢结构螺旋楼梯，跨越二层至四层，楼梯弧度随着楼梯向上逐渐变化。整个中庭上下贯通，保证了作为博物馆核心空间的主要功能，扩大了参观空间，提升了游客体验感。

7. 博物馆建筑中的剧院设计

项目尝试将编钟演奏厅这种专业剧院结构融入博物馆建筑空间内部，通过规划上下层结构转换实现专业演奏厅和专业展陈场所的融合，按照标准化剧院的要求进行包括浮筑楼板、声闸、双层隔声墙、GRG 吊顶装饰等专业的声学装饰设计。首次在博物馆建筑中采用机械舞台技术，实现湖北省博物馆特色的编钟演奏与其他常规性演奏的无缝切换。

（二）施工工艺及技术措施

1. 大角度倾斜现浇混凝土墙板施工技术

由于建筑造型的需求，大量建筑物采用大倾斜角度的屋面板或者倾斜的混凝土墙板。此类大角度倾斜的屋面板或

9

9 新馆倾斜墙板效果
10 中庭空间效果
11 编钟演奏厅效果
12 大角度倾斜现浇混凝土墙板（组图）

外墙板，既有围护结构功能，又形成建筑外立面特殊的造型效果。由于墙板倾斜角度大，若采用常规的楼板模板安装方式，混凝土无法浇筑成型，振捣作业也会受到极大限制，其密实度难以保证。同时，由于其倾斜状态，其支模方式与常规混凝土墙体支模方式截然不同，需要架体作为支撑。

针对博物馆倾斜墙板倾斜角度大、支模困难、浇筑混凝土密实度不高等问题，采用“倾斜双面支模”的模板安装方式，并对混凝土浇筑方式作出改进，避免了使用预制件带来的连接性能降低、支座刚度不足等问题，成功完成了本项目的大倾斜角混凝土墙板浇筑。所完成的结构整体性好，表面观感优良，无渗漏现象。

2. 仿树形钢套筒梁节点技术

湖北省博物馆为了突出其门厅部位空间开阔高大的特征，在其中部分梁交叉节点处取消了传统的柱式节点，而采用了 1 种外包钢套筒节点，并将 6 个节点通过斜撑构件汇聚到 1 个柱上，将原本多个梁节点各自以柱作为支点的常规结构体系调整为单个柱同时支撑多个梁节点的结构体系，减少了该区域内柱的数量，实现了仅以两棵“大树”撑起面积近 1 000 m^2、高度达 20.4 m 的中庭，大幅度减少了视线障碍，增加了

10

11

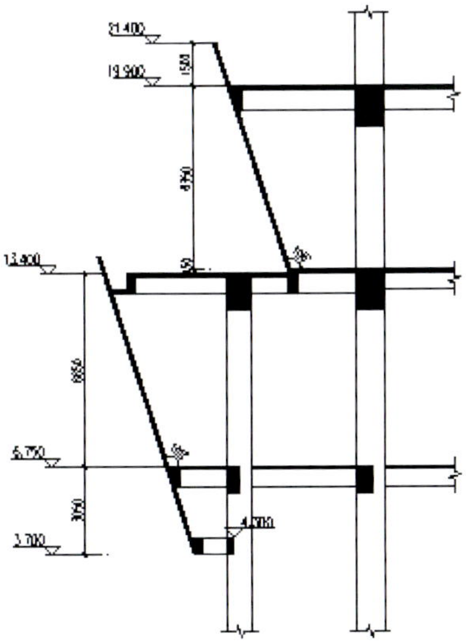

12

空间的平立面开阔度。

针对该节点，采用了细节部位沙盘推演的方法，提出了在细小部位的施工。尤其是工序穿插复杂时，应特别注意根据施工作业指导文件进行可操作性校核，详细地对整个过程进行描述和模拟施工，深化设计、节点钢筋安装、预应力专业预埋、斜柱浇筑等每一个步骤都需要仔细规划，避免顺序出错，或者穿插时机不合适，以保证每个步骤之间衔接有序。

3. 点阵文化石材幕墙施工技术

外立面是整个建筑的外在形象，作为风景区内的博物馆，要充分兼顾其文化展示和旅游休闲的双重使命。首先是提出了点阵文化石材幕墙施工技术，利用软件对比图纹与像素，采用点阵式石材板块排版和立面构造，并为石材编号，指导制作安装，通过增加背栓挂件长度支撑板块外凸，以形成点阵式巨幅图案，实现文化图腾在现代建筑上直接而新颖的表达效果。

4. 大面积全玻幕墙施工技术

馆体所有休闲区均采用全玻璃幕墙。全玻璃幕墙采用金属边框和龙骨，主要承力构件为玻璃肋，单支玻璃肋长（长达 14.8 m），单片玻璃面板大（最大近 8 m^2，重达 320 kg），减少了拼缝数量，确保视野的通透性，从各个方位上延展至每一处休闲区域，最大化拓

13 点阵文化石材幕墙（组图）
14 玻璃幕墙效果
15 大面积全玻幕墙（组图）

13

14

15

宽视野尺度。尤其在顶层，270° 无遮挡的视野直面户外，实现了游客在游览的间隙尽情享受风景的美好体验。

三、文化传承经验

玻璃棱台轻盈显，楚风夔纹韵悠长。湖北省博物馆新馆成为曾侯乙墓国宝编钟、越王勾践剑等一众世界闻名的国宝文物的“新家”。

湖北省博物馆新馆外形似鼎如石，承载不朽的典藏；周身雕满纹印镌刻文明的印记；余音绕梁，回荡古今相和的传奇；藏于林旁、融于湖畔、衬于老馆，使整个博物馆新旧相融、文脉相承。新馆成为弘扬中国古代文化的江城新地标，用恢宏大气的建筑艺术展现文化自信的魅力。

孔子博物馆

Confucius Museum

设计单位：北京市建筑设计院有限公司

施工单位：中建三局集团华东有限公司

竣工时间：2018 年 11 月 9 日

项目所在区域：山东省曲阜市

1

一、项目背景

曲阜是黄帝诞生之地、少昊之墟、商殷故国、周汉鲁都、孔子故里，也是儒家文化的发源地，其悠久的历史文明和灿烂的东方文化，使曲阜成为人们心中的圣地名城，被誉为“东方圣城、文化圣都”。

作为享誉中外的历史文化名城，曲阜的文物资源十分丰富且极具特色，拥有铜器、玉器、瓷器、字画、服饰、家具、金属器等馆藏文物 20 余类共 11 万多件，古籍 4 万余册，孔府档案 26 万多件，可移动文物总数达 60 多万件。其中，与孔子和孔子文化有关的文物最具特色，其品质之精、品味之高、数量之大，实属罕见。这些历史文物是极其宝贵的文化财富，具有极高的价值。而现有的孔府文物档案馆仅为一处简单的文物存放地，不具备文物收藏、陈列展览和宣传教育所必需的基本设施和条件，文物应有的价值和功能一直未得到充分

1 孔子博物馆实景图

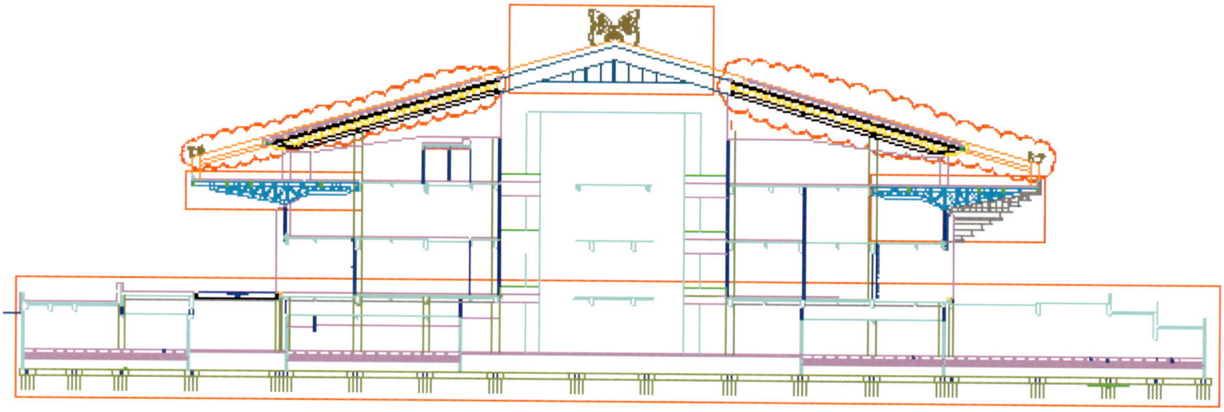

2

的体现和发挥。这种状况与曲阜作为文化名城、旅游胜地的城市特征不相符，与曲阜文博事业所承载的历史重任不相称。因此，迫切需要建设一所综合性、现代化的孔子博物馆。

二、施工技术理念及措施

（一）施工技术理念

孔子博物馆项目由著名设计大师、两院院士吴良镛先生主持设计，采用中国传统文化的北斗七星规划布局，形成以主展馆为核心的建筑群体空间，建成后的博物馆将与世界文化遗产“三孔”遥相呼应，成为一个具有现代气息的新型博物馆和儒家思想体验中心。本项目是弘扬孔子文化新的里程碑，是中国思想史、文化史、教育史的见证，同时也是传播优秀价值理念体系的教育基地。它的功能定位为：高科技、大众化、体验式的新型博物馆，寓教于乐的儒家思想体验中心，全球儒家学院总部及文化交流中心。考虑到孔子博物馆所在地的历史文脉和传统建筑色彩等因素，孔子博物馆的建筑色彩追求与环境融合互补，同时考虑不同建筑风格的色调体现，主馆外墙石材选用蓝宝石石材，主馆灰空间及三层玻璃采用灰蓝色幕墙玻璃，叠涩采用纤维增强混凝土装饰墙板，力

2 立面示意图
3 BIM 建造模型

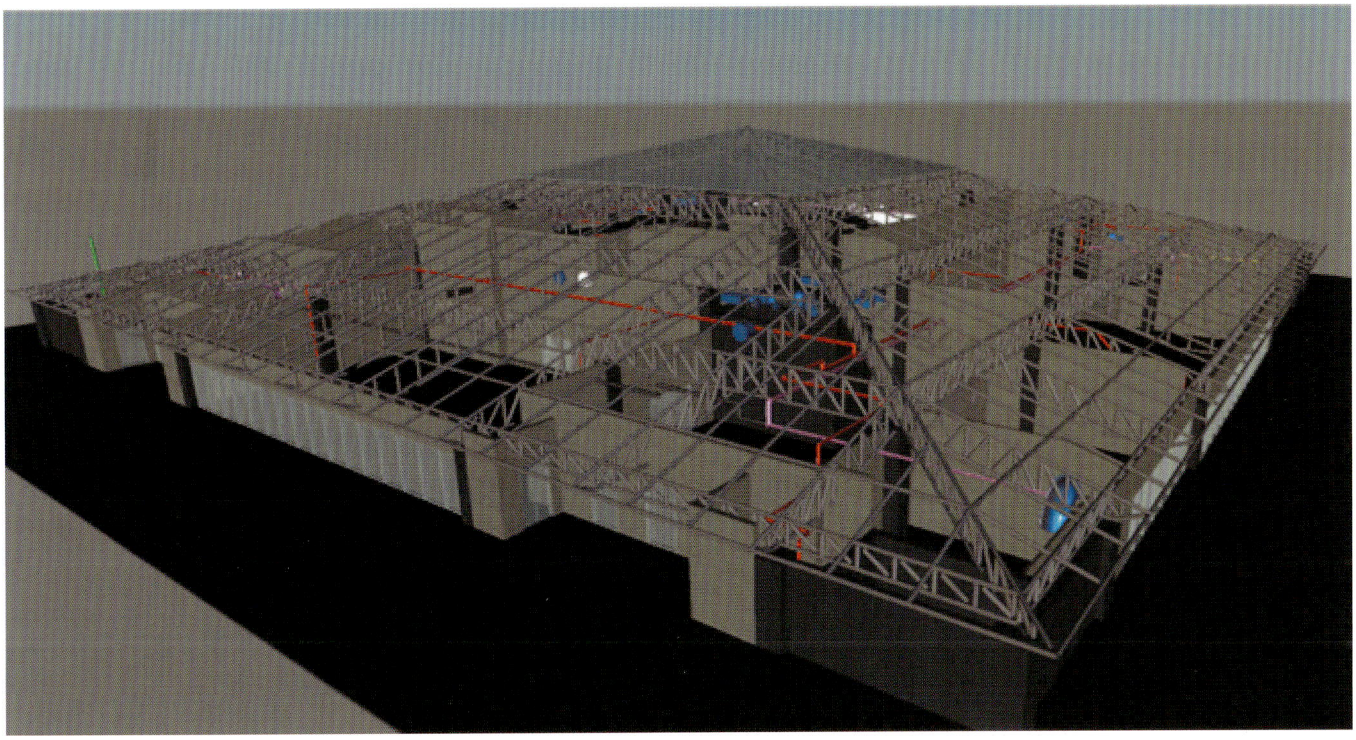

3

求展现庄重大气、经典永恒的建筑之美。

（二）施工工艺及技术措施

1.BIM 建造技术

孔子博物馆作为一级展览博物馆，需要集中进行展陈设计。整体建筑采用型钢混凝土劲性柱结构，屋面为纯钢结构桁架复合钢屋盖，整体跨度达到 107 m。项目利用 BIM 建造技术，通过三维建模精确反映各构件相对位置坐标，确保安装定位准确。

2. 白蚁防治技术

文物作为一种不可再生的宝贵资源，是重要的文化遗产。在日常保护中需要做好对白蚁的防治工作。首先，对于文物和古建筑，需要进行常规的巡检和观察，定期检查和观察文物和古建筑的表面和内部，寻找白蚁的活动迹象；

4

其次，灭蚁剂的使用是白蚁防治的关键。本工程全部为地上建筑，主馆底层及基座层底部设置了地垄墙，通过 450 mm 高的地垄墙进行架空，既保证防水防涝，同时也能解决基础返潮问题。在地垄墙内部将联苯菊酯与高效氟氯氰菊酯混合使用，作为防白蚁涂剂，形成防白蚁屏障，隔绝白蚁通往地垄墙部位的通道。

3. 大跨度悬挑钢桁架施工技术

本工程屋面采用钢桁架结构体系，最大截面高度达到 7.2 m，最大跨度为 21 m。结合项目场地限制要求，无法采用吊机进入室内进行吊装，主要在平台外围进行吊装。整体施工工艺采用散件进场、地面拼装、整体吊装的施工方法。部分桁架体系较重的采用分块吊装、

5

4 纯钢结构桁架复合钢屋盖施工（组图）
5 白蚁防治技术措施（组图）
6 屋盖钢结构实施效果
7 主体钢结构施工

高空拼装的施工方法。

4. 屋盖钢结构施工技术

本工程屋顶采用钢屋盖四坡屋面，采用平面管桁架结构。由于结构形式和现场场地条件限制，钢屋盖位于主馆正上方，选用“由外向内、先主后次、分段吊装、高空对接就位”的施工方法。

5. 展柜系统

文物展柜内部进行封闭设计，玻璃为夹层低反射玻璃，能有效过滤紫外线，消除眩光，实现更好的观览效果。柜内的嵌入式灯具经过特别的机械结构

6

设计，可以在不打开展柜的情况下，通过调节顶部拨杆改变灯具的光束角和机械角。展柜采用特殊的密封处理，在二次配光之外加入更多配件的选择，能让一盏灯实现更多照明效果，达到一灯多用的目的。智能照明管理系统能及时反

7

8

映灯具的损耗程度，并在损坏时报警，通知业主进行维护和更新。展柜的类型有低平柜、标准柜、内嵌墙柜等，每个展柜内都有恒湿系统和安防系统，展柜的密封性极好，对文物的保护性极高。

6. 恒温恒湿系统

孔子博物馆采用MCG系列恒湿机，这是一种新型、节能、低噪声并且能够解决微环境条件下控制文物环境湿度问题的高精度仪器。办公、库房工作区、休息厅、咖啡厅、茶餐厅采用风机盘管加新风系统；大厅、报告厅、多功能厅、展厅、采用全空气一次回风系统，基座层空调机组采用热回收双风机系统；藏品库采用恒温恒湿空调系统，该系统自带电加热及电极加湿系统，能满足不同文物的储藏要求。

三、文化传承经验

充分发挥曲阜市丰富的文物资源优势，特别是孔府珍贵馆藏文物价值，把孔子博物馆打造成了解和研究孔子及儒家思想、传承弘扬中华优秀传统文化的重要窗口。作为孔子故里，孔

8 建成后局部（组图）
9 幕墙实景图
10 园林景观实景图
11 沉浸式全媒体演播系统
12 穹顶造型钢架＋表面软膜、石膏板吊顶实景图

9

10

11

12

子博物馆将进一步强化责任担当，落实好总书记视察山东、视察济宁的重要讲话精神，为加强儒学研究、传播交流、传承弘扬优秀传统文化、提升中华文明世界影响力作出贡献。孔子博物馆在规划上秉承“传承历史文脉，体现古朴典雅大气”的宗旨，按照“国际先进、国内一流的综合性博物馆”的目标进行建设，拥有各类馆藏文物近70万件，展陈内容以孔子文化为核心、以文物为载体、以高科技为手段、以服务大众为主要目标，突出互动体验与感悟，成为文化交流的友好使者，共同推动中华优秀传统文化开枝散叶、泽润四海。

中国第二历史档案馆新馆

The Second Historical Archives of China project

设计单位：同济大学建筑设计研究院（集团）有限公司

施工单位：中建三局集团华东有限公司

竣工时间：2023 年 2 月 28 日

项目所在区域：江苏省南京市

1

一、项目背景

中国第二历史档案馆是集中典藏中华民国时期（1912—1949 年）历届中央政府及直属机构档案的中央级国家档案馆，馆址位于南京市中山东路 309 号，毗邻明故宫遗址，原为“国民党中央党史史料陈列馆”旧址，由我国著名建筑大师杨廷宝设计，于 1936 年建成。其中，档案库房、阅览大厅和业务大楼等建筑均为 20 世纪 50 年代后仿照民国建筑风格相继建成的。

1 中国第二历史档案馆新馆实景图

目前，中国第二历史档案馆馆藏档案已超过 250 万卷（宗），为进一步改善档案保管条件，推动档案事业高质量发展，更好地服务党和国家中心工作，为人民群众服务，国家启动了中国第二历史档案馆新馆建设项目，并于 2020 年正式动工。

新馆项目选址于南京市秦淮区红花街道，主体为框架结构，基础采用“桩基础 + 承台基础 + 筏板基础”，建筑

2

高度约为 41.1 m。建设内容包括档案库房、对外服务用房、档案业务和技术用房、汽车库、办公用房、武警用房以及附属用房。建筑外形设计采用“鲁班锁”形象，展现环环紧扣、严密精巧的特点。外立面采用“辊涂仿石铝板 + 石材格栅双层幕墙”幕墙系统，2.5 万 m^2 的暖色石材点缀铜板，与老馆金顶黄墙的色彩元素交相呼应。项目建成后将作为中央直属的国家级档案馆使用，成为南京市极富历史特色的“城市客厅”，为这座六朝古都增添一个重要的文化地标，为国家档案事业高质量发展贡献力量。

二、施工技术理念及措施

（一）施工技术理念

中国第二历史档案馆新馆的设计理念为呼应内外、回溯传统、兼容并蓄。建筑主楼大厅的格子天窗延续老馆建筑

2 夜景街角透视图
3 正立面现场实拍图

天花中的“藻井”形象，顶层室内空间设计取意于“金匮石室”，中部设置铜板包裹的多功能用房。新馆主体在设计时参考了“鲁班锁”的形象，通过对四面进行延伸，打造出与鲁班锁八个独立结构相呼应的形象。通过现代材料的应用，实现了与历史文化的有机融合，最大程度地结合了我国近代史和数千年民族特有的文化元素。另外，档案馆新馆还延续了老馆中藻井的设计理念。藻井是古人为了压伏火魔，以祈天祐，往往在高处做井，由此衍生出藻井，同时并赋予其一种神圣的意义。时至今日，藻井更多的是对文化传承的一种体现。为了传承老馆的文化元素，在新馆中对藻井元素进行了保留。同时，通过应用现代的建筑语言对古老的花窗、藻井、柱廊、书简、铜饰等进行重塑，让“金匮

3

4

5

6

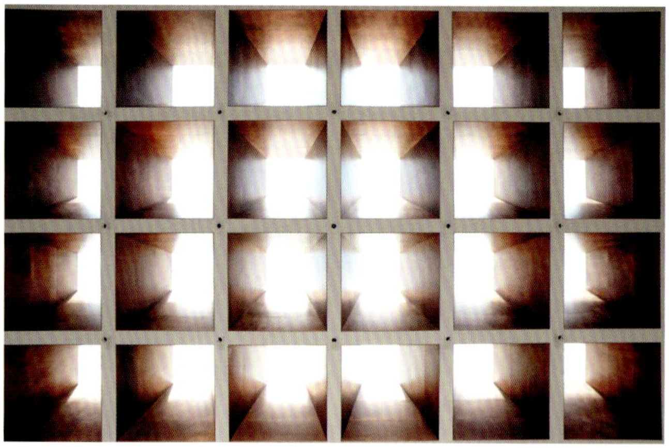
7

石室”充满着历史的厚重感。

（二）施工工艺及技术措施

1. 六面体内保温

要为馆藏档案建立永久保护基地，软、硬件配置需满足档案的“居住”条件。为保障档案库房的核心功能，项目创新性地采用了“六面体轻钢龙骨 + 岩棉保温体系”，有效解决了施工难题，避免了后期墙体开裂等质量风险，做到低碳节能、安全均衡。为地上 107 个档案库

8

9

4 格栅细部做法实景图
5 廊柱实景图
6 外立面色彩实景图
7 藻井实拍图
8 贵宾接待室实景图
9 书简实景图

房创造了温度保持在 20±2℃、湿度保持在 50±5° 的恒温恒湿环境，为库存档案提供了适宜的“居住”环境。

2. 装配式幕墙

项目设计年限为百年工程，面临时间紧迫与建设标准极高的双重挑战。这是二史馆项目给予新馆建设者的极限挑战。项目幕墙设计采用“辊涂仿石铝板+石材格栅双层幕墙”的形式，整体工程量较常规高出了整整一倍，工程的工期极为紧张，项目团队通过 BIM 技术深化设计，摒弃“空中散拼”的传统施工方式，综合考虑进度、质量和安全等多方面因素，决定采用整体装配式格栅设计施工技术，有效解决了高空焊接安全系数低、成型质量差的难题。

3. 高压细水雾灭火系统

为了保证纸质档案的绝对安全，建筑库房全范围采用高压细水雾自动灭火系统。该系统与普通消防喷淋装置不同，无需庞大的储水供水设备，且耗水量仅为喷淋系统的 1%，6000 多个喷头及其连接的管道采用专业氩弧焊接工艺，系统工作压力 12MPa，试验压力达 20MPa。与IG541 气体自动灭火系统、自动跟踪定位消防炮灭火系统等一系列

10

智慧系统联动应用，实现了“快速灭火、环境保护、档案安全”的一体化保障管理。

4. 屋面防水构造

建筑屋面整体采用五道防水构造层，选用耐久性更强的 HDPE 防水卷材，提高防渗漏性能。

5. 对外服务区装修理念

主楼大厅的格子天窗延续了老馆建筑天花中藻井的形象，阳光透过天窗洒下，展现独有的室内光影效果。

顶层室内空间的设计取意于“金匮石室”，中部设置铜板包裹的多功能用房，环绕中心空间布置休息区，顶部 90 块天窗引入自然光线，营造出唯美极致的空间体验。

服务大厅墙面装饰采用 2 000 m^2 的天然洞石，采用“外墙龙骨体系 + 石材四点背槽式挂接与防坠网”加强构

11

造，有效提高天然洞石的可靠性和安全性，保证了装饰面层质量。

6. 智慧工地

项目团队以科技引擎推动智慧建造，打造“智慧平台枢纽阵地”，采用全生命周期运用 BIM 技术，与装配式技术强强联合，将 2 个月的工期缩短至24小时，保证了工程优质、高效履约。

7.V 形梁高支模施工

面临工程 V 形梁设计节点复杂，且处于高支模施工区域等难题，项目团队应用 BIM 技术对满堂架体进行预排布，对 V 形梁模板进行预拼装，提高了施工效率和搭设精准性。保障了档案馆按期竣工，在“筑力档案强国”这一考题中取得了有口皆碑的成绩，展现了央企巨匠的大国担当。

10 格栅细部做法图

11 廊柱实景图

三、文化传承经验

“一座南京城、半部民国史。”中国第二历史档案馆新馆项目的建设，不仅是历史文脉的延续与传承，更体现了建筑功能的提档升级。

正值中国共产党建党百年之际、党的二十大召开之年，中国第二历史档案馆新馆项目建设进展受到了各级政府部门、社会大众的高度重视。如今，由中建三局承建的中国第二历史档案馆新馆项目已全面竣工，一座富有民国特色的现代化中央级国家档案馆完美呈现。新馆建成后，不仅可以为党和国家工作大局以及社会各界提供更加优质高效的服务，还可供市民参观展览，打造“家门口的城市客厅”，为中国档案事业的高质量发展作出更大贡献。

蟠龙天地

Style Protection and Cultural Heritage - Panlong Tiandi Project

设计单位：华东设计研究院有限公司

施工单位：中建三局集团华东有限公司

竣工时间：2022 年 12 月 31 日

项目所在区域：上海市

1

1 蟠龙天地实景图

一、项目背景

蟠龙天地项目毗邻国家会展中心（上海），紧靠虹桥综合交通枢纽。项目所在的蟠龙古镇的历史可追溯至隋朝。在漫长的历史中，古镇因水而生，因寺而兴，因商而盛，聚八方来客，汇四海风物。这座江南水乡古镇后来因各种原因没落了，直到 2019 年，上海蟠龙天地项目落地，这片沉睡的江南文明区域重新焕发生机。项目总占地面积 50 万 m^2，其中绿地占地面积约 23 万 m^2，商业占地面积约 5 万 m^2，住宅占地面积 22 万 m^2，河道总长 1.4 km，市政道路总长 2.1 km。在这个上海重点规划、离上海市区最近的江南古镇，曾经的蟠龙十景、十字街巷、园宅文化乃至浴佛节等特色文化将焕新再现。

蟠龙天地项目占地面积大，施工条件复杂，涉及市政公路、桥梁、仿古建筑、古建筑保护及修复、河道改造、公共绿地及社会地库、住宅等多种类型，在施工技术和施工管理上面临诸多考验。

二、施工技术理念及措施

（一）施工技术理念

曲水萦居，溪桥鱼唱。发达的水系和水路促进了蟠龙古镇这一水陆商贸街市的兴盛，而兴盛的商贸成就了古镇文化的繁荣。在“往事，染时光底色”篇章中，通过香花桥拓印、倪增茂青砖等实物的展陈，展示了香花桥与十字街市的水乡人文风情，以及蟠龙镇那段桥因寺兴、镇因桥兴的千年历史。因此，项目施工过程中，对仿古桥梁、河道治理及周边护岸的施工都提出了很高的要求。

对此，项目采用了仿古石纹理混凝土、仿古小镇景观河道驳岸饰面、河道生态净水系统等施工技术，以保证更好地延续古镇历史风貌。

（二）施工工艺及技术措施

1. 仿古石纹理混凝土施工技术

项目新建4座仿古桥梁，其中2座为折板桥，水曲桥长15.26 m，宽3.2 m，涵春桥长6.3 m，宽3.24 m，两座桥均为3跨。按照古法建造方式，折板桥应采用条石垒砌桥台及桥墩，桥面采用多块条石横跨，整体上结构简单，形式纤薄，石材纹理会随着岁月的变迁逐渐呈现出独特的古石纹理。但受限于目前的钢筋混凝土结构，饰面若采用干挂古石材，无法保证折板桥纤薄的造型美，其他饰面方式又无法达到古石独特的纹理，同时饰面还需长期泡水，耐久

2

3

2 原状石材

3 仿石纹理软膜

4 仿古桥墙身立面软膜布置图

5 墙身拆模后的纹理效果

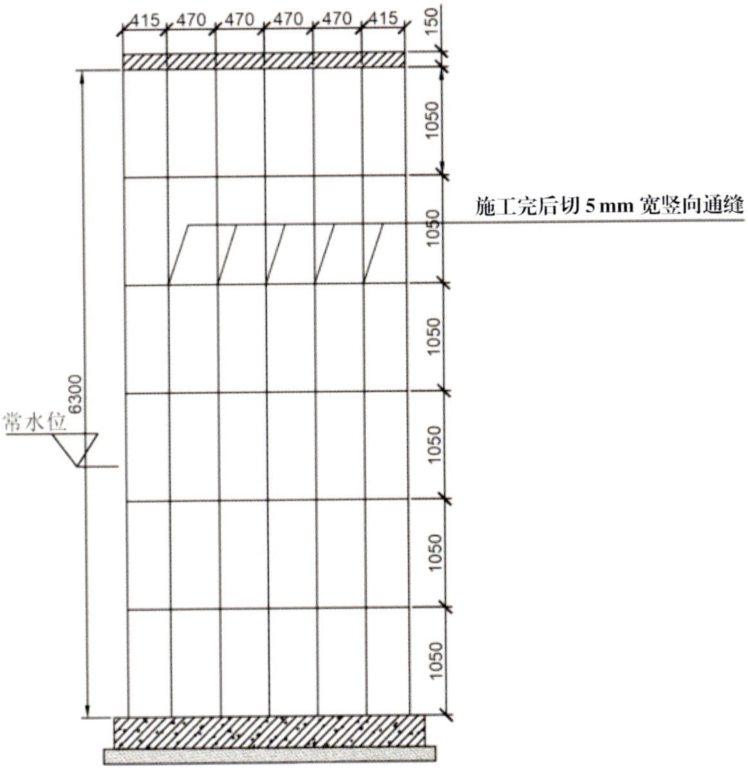

4

性要求高。项目通过研究，最后提出纹理软膜法，在仿古桥梁施工过程中，桥墙身及桥平板底面采用纹理软膜法仿古石纹理混凝土施工技术。

仿古石混凝土施工技术充分利用了混凝土的可塑性，通过特制的仿石纹理软膜与传统混凝土施工技术相结合，使混凝土表面呈现出仿古石纹理，再对混凝土表面进行着色处理，最终制成具有历史古韵、耐久性强的仿古石纹理混凝土。

5

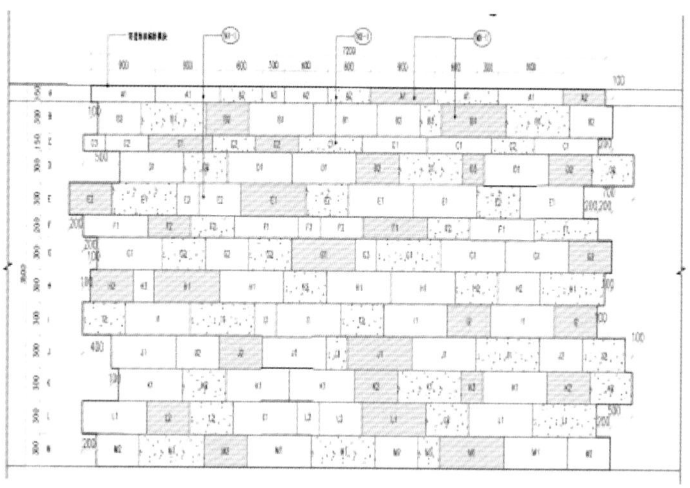

6

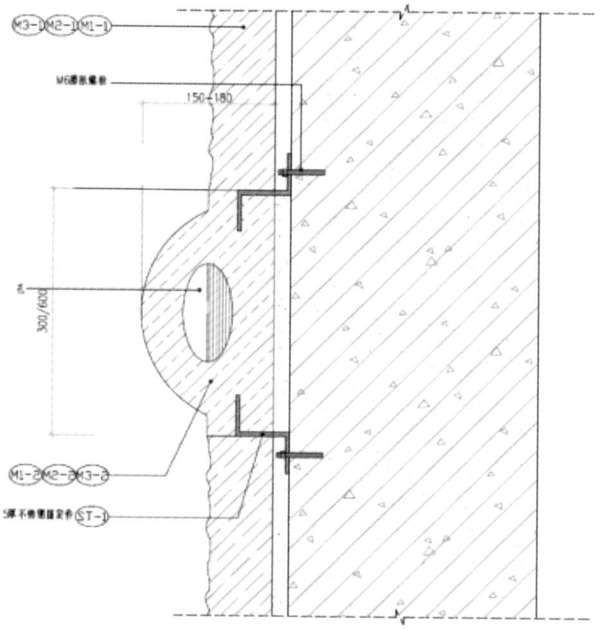

7

2. 仿古小镇景观河道驳岸饰面施工技术

小桥流水一直是蟠龙古镇“古色古韵”的象征，因此，古镇河道的装饰效果成为项目建设的重要一环。针对景观河道驳岸饰面施工过程中可能存在老石材后期易脱落、阴阳角处理不当、饰面成品遭到河水侵蚀等问题，采取老石材微处理湿贴结构固定、阴阳角人工预凿、条石界面防护处理等方法，以保证驳岸饰面外观整体成型效果。

通过严格按照设计图纸切割石材并在现场开孔，采用铜丝与膨胀螺栓连接的方式，将老条石固定在垂直护岸结构面上。石材表面清洁后并保持干燥，采用喷、涂、浸泡等均匀涂布方式，将石材防腐剂施于成品上，以对其进行防侵蚀保护。

3. 河道生态净水系统施工技术

河道生态净水系统施工技术采用生态护坡、生物拦截网、水下生物膜反应

6 标准模块组合
7 系缆石安装大详
8 条石制作
9 定位与预开孔
10 条石饰面施工
11 通水后效果

8

9

10

11

器等生态单元，构建了河道的全生态系统，提升了河道的自净能力，对河道的水体治理及生态系统修复有显著效果。

生物拦截网由拦污浮筒及拦截网两部分组成。拦污浮筒能清除河道内的漂浮物或水生植物，避免了大量人力、物力的投入。拦截网的主要拦截材料采用适合微生物生长的透水型土工布，可以有效拦截大颗粒污染物，填土工布为微生物的生长提供了良好的环境，对污染物有一定的生态降解效果。在与河水接触的过程中，利用土工布的拦截作用减少总磷和氨氮的含量；有机物会被微生物同化并在滤料或载体的表面上形成生物膜，生物膜吸附水中的有机物、氮、磷，然后被外侧的好氧微生物分解，从而减少水体中的有机物、氮、磷等营养物质。

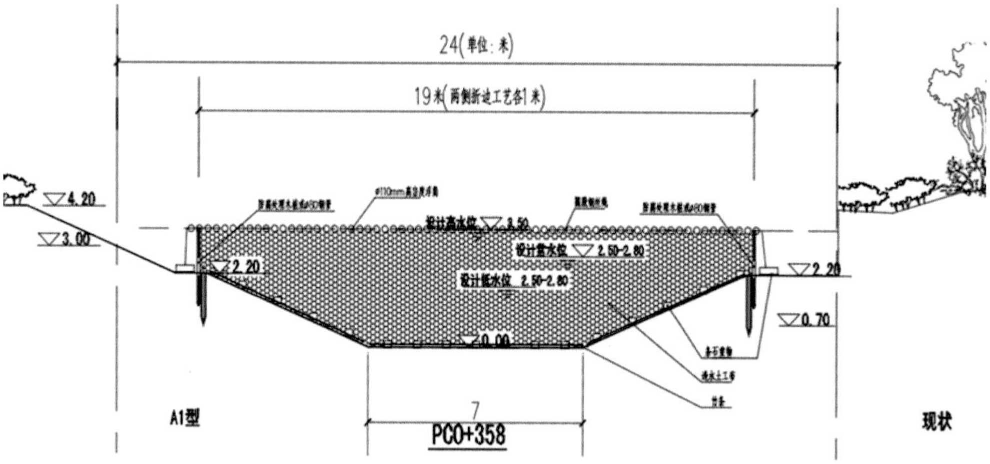

12

12 河道生物拦截网示意图

13 景观河道驳岸饰面实景图

水下生物膜反应器主要采用生物接触氧化技术来处理河道污水，主要由填料上形成的生物膜来完成。生物膜反应器生物相丰富，生物膜较薄，污染物氨、氮的生物降解速率快，污染主要由填料上的好氧生物膜去除。生物填料不受透明度、光照等限制。合理布设填料，可以在保持河道通航和排洪等原有功能以及不影响城市景观的情况下，显著降低水体浊度，并且削减水体中的 COD、氮和磷等污染负荷，从而为后续的高等水生动植物的生态修复创造有利的前提条件。

三、文化传承经验

项目通过技术创新，在提升居住与生态环境质量的同时，保护村庄的历史文脉，为村民留住乡愁，为古镇留住文化经典。仿古石纹理混凝土施工技术扩大了仿古石材饰面的使用范围，使其不再局限于仿古桥梁，在其他仿古建筑、古建筑的修建中，均可采用此技术。该技术既能用于装饰面层，也可用于结构装饰。此外，该技术的使用可以延长仿古建筑结构的使用寿命，减少后期修缮费用。小桥流水一直是蟠龙古镇古色古韵的象征，针对景观河道驳岸饰面施工过程中可能存在的老石材后期易脱落、阴阳角处理不当、饰面成品遭到河水侵蚀等问题，采取老石材微处理湿贴结构固定、阴阳角人工预凿、条石界面防护处理等方法，以保证驳岸饰面外观整体成型效果。河道生态净水系统施工技术重现了绿水清波的新时代水乡图景，真正实现了“绿色规划、绿色设计、绿色施工、绿色运营”。

项目的建设过程更像是在讲述一个关于古镇自我焕新的故事，新砖旧瓦、老街古巷，在保留、修复、新建中取得了取舍与平衡，实现了真正意义上的风貌保护与文化传承。

13

图书在版编目（CIP）数据
传承与更新 ： 工程建设活化利用示范案例 / 中建三局集团有限公司，中国文物学会20世纪建筑遗产委员会主编. -- 天津 ： 天津大学出版社，2025. 2. -- ISBN 978-7-5618-7881-1
Ⅰ. TU-87
中国国家版本馆CIP数据核字第20244SW785号

图书策划：金 磊 苗 淼
编辑团队：韩振平工作室
策划编辑：韩振平 刘 焱
责任编辑：刘 焱
装帧设计：朱有恒 董晨曦

CHUANCHENG YU GENGXIN GONGCHENG JIANSHE HUOHUA LIYONG SHIFAN ANLI

出版发行 天津大学出版社
地　　址 天津市卫津路92号天津大学内（邮编：300072）
电　　话 发行部：022-27403647
网　　址 www.tjupress.com.cn
印　　刷 北京盛通印刷股份有限公司
经　　销 全国各地新华书店
开　　本 889mm×1194mm 1/16
印　　张 15.25
字　　数 259千
版　　次 2025年2月第1版
印　　次 2025年2月第1次
定　　价 198.00元